胚胎型仿生自修复技术

Embryonic Bio - inspired Self - healing Technology

李 岳　钱彦岭　卓清琪　王南天　李廷鹏　编著

国防工业出版社

·北京·

内容简介

本书首先介绍了胚胎型仿生自修复硬件的研究现状与发展趋势，然后分别从原核和真核两个方面对仿生自修复硬件涉及的生物学原理进行了研究探讨，以此为基础，重点论述了胚胎仿生自修复硬件的基本原理和硬件结构，并分别以4×4的乘法器、FIR滤波器和模糊控制器为对象，研究了基于FPGA的仿生自修复硬件、真核仿生阵列和内分泌仿生阵列的设计和实现方法。

本书适合于电子系统设计人员及相关研究人员阅读，也可作为电子系统设计、微电子与纳米技术、可靠性设计与维修工程等相关专业研究生和高年级本科生的教材或参考书。

图书在版编目(CIP)数据

胚胎型仿生自修复技术／李岳等编著．—北京：国防工业出版社，2014.8

ISBN 978-7-118-09053-6

Ⅰ.①胚… Ⅱ.①李… Ⅲ.①电子电路－电路设计－仿生 Ⅳ.①TN702

中国版本图书馆CIP数据核字(2014)第100434号

※

国防工業出版社出版发行

（北京市海淀区紫竹院南路23号　邮政编码100048）

国防工业出版社印刷厂印刷

新华书店经售

*

开本 880×1230　1/32　**印张** 6　**字数** 166千字

2014年8月第1版第1次印刷　**印数** 1—2000册　**定价** 58.00元

（本书如有印装错误，我社负责调换）

国防书店：(010)88540777　　发行邮购：(010)88540776

发行传真：(010)88540755　　发行业务：(010)88540717

前　言

当前，电子系统广泛应用于各行各业，成为了生产、生活不可或缺的重要组成部分。随着电子系统的日益复杂，容错能力已经成为衡量系统性能的一个重要指标。为了保证电子系统的可靠性，传统的做法是对关键部件进行功能冗余，但功能冗余存在容错能力受限和环境适应性较差等不足。胚胎电子阵列是在借鉴生物体发育分化机制的基础上提出的一种新型电子阵列结构，阵列容错由细尺度上的电子细胞分布式自发完成，容错能力更强，环境适应性更好，从而为提高电子系统的可靠性提供了一种新的方法。现阶段，关于胚胎电子阵列的研究正方兴未艾，本书在总结国内外相关研究成果的基础上，结合本单位近年来的研究积累编著而成，旨在抛砖引玉，为相关领域的研究人员提供借鉴和参考。

本书共 5 章：第 1 章介绍仿生自修复硬件的研究背景、基本框架，阐述胚胎型仿生自修复硬件的研究现状与发展趋势；第 2 章介绍生物的基本分类以及生物体自修复的 4 个层次，分别从原核和真核两个方面，对仿生自修复硬件可能涉及的生物学基本原理进行了介绍；第 3 章介绍仿生自修复硬件的基本原理，主要包括仿生自修复模型、仿生自修复硬件的基本体系结构、故障检测方法的基本原理，讨论仿生自修复硬件的自修复机制；第 4 章介绍仿生阵列的基本结构，阐述几种功能模块的实现结构、布线资源的结构以及配置存储模块、地址模块、自检模块等一些常见模块的基本结构；第 5 章以 4 ×4 的乘法器为例介绍基于

FPGA 的仿生自修复硬件的设计方法,详细讨论基于真核仿生阵列的FIR 滤波器和基于内分泌仿生阵列的模糊控制器的设计。

鉴于理论水平和学识有限,书中难免有错误或不当之处,恳请读者批评指正。

作者

目　录

第1章 绪 论

1.1 引 言

随着科学技术迅猛发展和信息时代的到来,电子系统已广泛应用于各行各业,成为了生产、生活不可或缺的重要组成部分。然而,电子系统投入使用以后,在各种复杂环境应力的作用下,总会产生性能退化、突发性故障或暂态故障。为保持系统的可用性,系统的可靠性和容错能力就非常重要。随着系统复杂度的提高,可靠性和容错能力的要求也越来越高。对工作在特殊环境下的航空航天机载电子系统,这种需求更加迫切。

传统上,一般采用多模冗余容错机制来保证电子系统的可靠性。通过事先的故障模式分析,对其关键构成部件进行冗余配置,当故障发生时,通过一定故障诊断手段,实时检测故障,并对故障部件进行及时切换,从而保证系统正常运行。对某些特殊场合中的电子设备,如航天电子产品,由于空间射线干扰及装备长时间运行引起老化等因素的存在,故障发生的随机性增强,采用冗余容错机制就会存在一些问题,主要表现在以下几个方面[1,2]:

(1) 资源开销。受装备体积限制,不可能对所有部件进行冗余配置,一般只考虑关键部件的备份。当其他部件发生故障时,容错机制就不起作用。如果对关键部件界定不清楚,该冗余的地方没有冗余,就有可能发生严重后果。

(2) 容错性能受故障检测能力限制。对冗余机制来讲,系统的容错能力取决于系统的故障检测和诊断能力。如果检测深度不够,故障很有可能发生漏检,容错能力就会受到影响。

(3) 环境适应性较差。理想状态下,冗余容错机制应能对系统所有可能发生的故障具备容错能力。但由于冗余系统一般是设计者事先设置的,其对故障的适应能力取决于设计者对系统工作环境的认识程度,一般情况下很难使设备达到很好的环境适应性。

冗余容错机制是建立在对所有可能发生故障的先验知识基础之上的,由于工作环境的复杂性,再睿智、再谨慎的人也很难做到万无一失,最好的解决方法是使装备能够自我检测和自我修复,自身具有应付灾难的能力。自然界不乏自修复的例子。例如,在整个生命历程中,人体不断受到病毒的侵害或外界环境造成的伤害,但依靠其自身修复机制,人体的整体功能是非常可靠的。因此,通过模拟生物体的自修复机制,开发具有自修复能力的硬件系统一直是人们努力的方向。

20 世纪以来,生命科学取得了惊人的成就,生命的运行机制正逐渐被人们所认识、掌握和运用,人工生命科学开始兴起并取得很大进展。同时,生命科学的成就也不断启迪工程技术人员的智慧和灵感,各种仿生结构和系统不断被开发出来,并在人们的生产和生活实践中得到广泛的应用。

仿生自修复技术就是在上述背景下提出来的,直接来源于细胞自动机、人工神经网络、处理器阵列和进化算法等人工生命系统的研究成果。在自然界的细胞系统中,细胞具备天然的容错和自修复能力。同时,细胞的这种自诊断和自修复能力可以通过遗传和进化,不断得到优化,并将优良性状保留给下一代。根据从生命科学研究领域所获得的灵感,可以确认,如果能模拟生物体的免疫和修复机制,将能有效地实现系统的维修能力,提高系统的可靠性。

仿生自修复是对传统故障检测和维修技术的改革。目前,故障检测和维修系统的设计是建立在开发者对装备服役环境的假设和分析基础之上的,由于设计纰漏和认识偏差,不经意的错误和遗漏可能导致严重的后果。仿生自修复技术则不必依赖于设计者的预测和分析,依靠自身的修复机制,自动适应环境变化,对系统故障和缺陷进行自主监控和维修,将故障隐患消灭于无形之中,其重要性和价值不言而喻。

1.2 仿生硬件的基本框架

经过40多亿年的进化,生物体展现出丰富而又强大的自适应能力。生物的适应性表现在两个方面:一方面是进化的适应性;另一方面是个体的应激性[3]。进化的适应性是指生物体与环境表现相适合的现象。由于周围环境的改变,通过长期的自然选择,使得生物体与环境相适应的特征能够通过遗传传给下一代。保护色、警戒色、拟态和休眠等生物适应现象均属于进化的适应性。个体的应激性是指生物对外界各种刺激(如光、温度、声音、食物、化学物质、机械运动、地心引力等)所发生的反应,是一种动态的反应,能够在比较短的时间内完成。

研究人员通过对地球生物的进化过程进行考察,发现生物进化存在以下3个层次[4]:

(1)种群演化(Phylogenetic)。这一层次主要关注遗传编码的短暂进化,它的显著标志是物种的进化,或者是种群演化。生物的繁殖是基于基因的复制,在个体水平上拥有极低的误码率,以保证后代的特性保持不变,但在群体或种群这个层次,误码率就会相对高一些。正是由于基因突变(无性繁殖)或重组中的基因突变(有性繁殖),导致了新物种或新组织的出现。种群机制从根本上讲具有很大的随机性,突变和重组产生了生物的多样性,这些多样性对种群的生存必不可少,使得其能够不断适应变化的环境,并产生新的物种。

(2)个体发育(Ontogenetic)。随着多细胞组织的出现,表现出了生物组织的第二层次:母细胞——受精卵的连续分裂,每个新分化的细胞都拥有一份母细胞基因的副本,然后根据细胞所处的位置(它们在整体所处的位置)进行特定的表达。后一阶段也被称为细胞分化。个体发育是一个多细胞组织的发育进程,这一进程本质上是确定的。然而,基因上的单一碱基的错误可能导致个体发育系列的变化,这种变化是显著的,也可能是致命的,还有可能导致畸形个体的产生。

(3)后天学习(Epigenetic)。个体发育进程受限于能够存储的信息总量,因此不可能对生物体进行完整规定。一个著名的例子是,人的大脑有 10^{10} 个神经元和 10^{14} 个连接,如果用4个字符的基因来进行完整描述,基因长达 3×10^9,从而导致无法进行完整的描述。因此,当复杂度达到一定程度,就会出现一种允许生物体融合大量的连接与外界进行相互作用的不同进程。这个进程就是后天学习,主要包括神经系统、免疫系统和内分泌系统。这些系统的共同特征是拥有完全由基因组决定的一个基本结构,该结构在个体与环境的相互作用时被修改。

与自然生物相类似,仿生硬件系统也可以沿着这 3 个轴进行划分,即种群演化、个体发育和后天学习,称为 POE 模型,如图 1.1 所示。由于在自然界中不同轴之间的区别不是很容易刻画,而且每个轴的定义也不是那么精确,因此这里进一步说明 POE 框架里每个轴的含义:种群演化轴包含进化,个体发育轴包括没有受环境影响的个体从基因物质开始的发育,后天学习轴包含个体与环境相互作用的学习。为了便于理解,这里列出 3 个例子,它们的硬件组成能够用 P、O、E 轴进行区分:其中,P 轴表示进化算法借鉴自然界的种群演化过程;O 轴表示多细胞自动机就是基于个体发育的概念,由一个母细胞产生,通过多次分裂和分化,产生了一个多细胞的有机体;E 轴表示人工神经网络体现了后天学习的进程,通过与环境的相互作用,改变系统的突触权重和拓扑结构[5]。

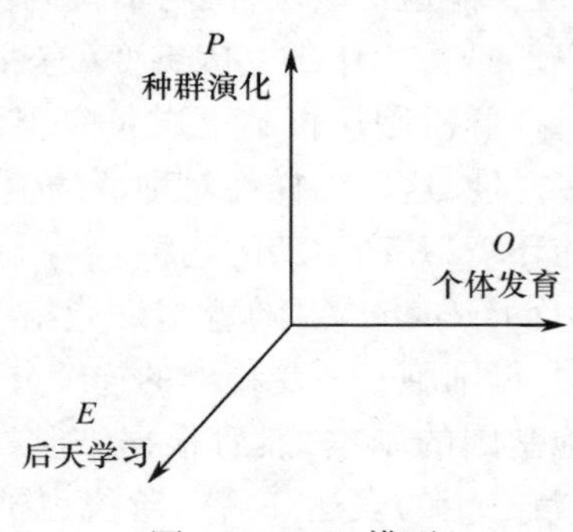

图 1.1　POE 模型

1.2.1　*P* 轴:进化硬件

进化硬件指可根据当前环境自动改变自身结构和功能以适应环境变化的硬件系统。主要包括模型评估、应用模型、配置引擎(进化算法)与可重配置硬件 4 部分,如图 1.2 所示。其基本思想是利用可重配置硬件根据与自身结构相对应的结构位串来配置自身的结构,不同的结构位串对应不同的硬件结构。将代表硬件拓扑结构和属性的结构位串作为进化算法的基本对象,如遗传算法的染色体,采用软件仿真或硬件实测的方式评估染色体所代表的硬件结构的性能,以此适应度函数指导进化过程。进化算法作为配置引擎,可根据硬件系统的表现,动态改变硬件结构,进而改变硬件功能以适应当前环境变化,目前用于进化硬件的进化算法包括遗传算法(Genetic Algorithms,GA)、遗传规划(Genetic Programming,GP)、进化规划(Evolutionary Programming,EP)和进化策略(Evolutionary Strategies,ES)等。可重配置硬件方面,根据应用场合的不同,主要有FPGA、FPAA和FPTA等商业平台以及专为进化硬件研制的应用平台[6,7]。

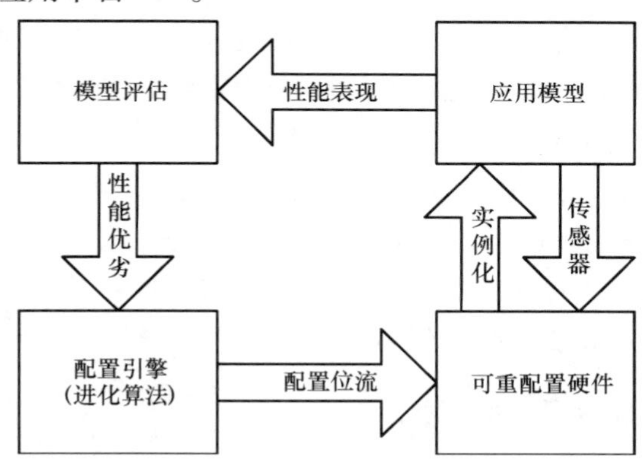

图1.2 进化硬件的结构

1.2.2 *O*轴:复制与再生硬件

个体发育是指个体根据自身的遗传物质由受精卵发育成多细胞生物体的生长过程。个体发育硬件就是模仿生物复制和再生特性的硬件。对个体发育硬件的研究可以追溯到20世纪50年代冯·诺依曼提出的研制具有自繁殖与自修复能力机器的设想。从那时起,人们一直在从事这方面的探索,由于技术条件的限制一直未能实现。

1990年前后,各种进化算法和大规模可编程逻辑芯片的出现,使人们找到了实现冯·诺依曼设想的一种技术途径。Mange[4]和Marchal[8]受自然界多细胞生物体发育过程启发，提出了基于现场可编程门阵列(FPGA)的胚胎型仿生硬件(也称胚胎电子系统)。其基本思想是，通过模拟多细胞生物胚胎的发育过程，构造一种通用的仿生电子细胞，细胞通过冯·诺依曼近邻连接形成二维阵列。胚胎型仿生硬件借用了分子生物学概念，模仿多细胞生物的胚胎发育过程中体现的多细胞结构、细胞分裂、细胞分化的特性，从而使得硬件电路也能具有类似于生物的自诊断、自修复和自复制能力[2,9]。

M. Samie 等参照原核生物细胞的结构和行为，提出了另一种细胞阵列设计思想[10,11]。在自然界中，原核细胞，如细菌，是比较简单的生命形式。原核细胞没有明显的细胞核，染色体以折叠的形式存在于细胞质中。原核细胞不能形成组织，但很多原核细胞可以成群聚集，形成菌团或生物膜，通过细胞的协同，菌团或生物膜具有与真核细胞组织类似的生长、分化、自修复和环境适应性等特征。同真核细胞相比，原核细胞的 DNA 比较简单，包含的基因也较少。通过折叠结构，细胞可记忆相邻细胞的遗传特征，并通过病毒标记等形式，记忆周围环境的变化，并将其遗传给下一代。按照这种机理设计的细胞阵列，即原核仿生阵列[12-14]。

本书研究的胚胎型仿生自修复硬件(包含原核仿生阵列)属于复制与再生硬件(O 轴)的研究范畴。

1.2.3 E 轴：后天学习硬件

后天学习发生在个体发育形成之后，通过与环境的不断相互作用，获得适应环境的能力。在多细胞生物中，具有后天学习能力的系统主要有 3 类：神经系统、免疫系统和内分泌系统。通过对这些系统的研究，研究人员提出了 3 类具有后天学习能力的仿生系统：人工神经网络系统、人工免疫系统和人工内分泌系统。

人工神经网络 (Artificial Neural Network，ANN)系统是指借助数学和物理等工程技术手段从信息处理的角度模拟人脑神经网络结构和功能，并建立简化的模型，它是一种大规模并行的非线性动力学系统，具有巨量并行性、结构可变性、高度非线性、自学习性和自组织性等特点。人工神经网络处理单元大体可以分为 3 类，即输入单元、输出单元和隐单元。输入单元接受外部环境的信号和其他系统模型处理的数据；输出单元将系统处理后的信息进行输出；隐单元是位于输入和输出单元间外部系统不可见单元。神经元间相互连接，并存在一定连接强度，信息的表示和处理体现在网络处理单元的连接机制中。人工神经网络的功能由处理单元的活动函数、模式和网络的相互连接机制确定[15]。

人工免疫系统（Artificial Immune System，AIS）是指在研究人体免疫系统的信息处理机制的基础上，构造出体现免疫系统的信息处理特性的一类新的人工智能模型和方法。目前人们对人工免疫系统的研究主要包括由免疫系统机制启发的各种算法，体现免疫系统机制、免疫启发功能的软件、硬件系统和人工免疫网络以及基于网络结构的框架模型[16]。

人工内分泌系统（Artificial Endocrine System，AES）是指在研究人体内分泌系统的信息处理机制的基础上，构造出体现内分泌系统的信息处理特性的一类新的人工智能模型和方法。Neal 和 Timmis 在 2003 年首先提出了“人工内分泌系统（AES）”的概念，并将其定义为“能对外部激励做出反应，并具有控制功能荷尔蒙的系统”[17, 18]。其主要包括激素的产生、激素的控制和激素水平调节机制。随着生物内分泌学的发展，人们对内分泌系统的作用机理有了更深入的了解，针对内分泌信息处理机制的智能计算模型也越来越受到人们的重视[19]。

1.2.4 混合 POE 硬件

在生物学中，P、O、E 三轴之间互相影响、互相关联，使得有时很难判断某一组织具体属于哪个轴。人工仿生系统也面临着同样的问题。有些仿生系统可能同时具有两个或者 3 个轴特性的，称其为混合 POE 硬件，如图 1.3 所示。PO 硬件包含具有发育、复制和再生等个体发育特性的进化硬件，其特点是能够使基因不断进化，而这些基因将引导个体的发育。PE 硬件具有进化硬件和后天学习硬件的特性。进化的人工神经网络系统就是 PE 硬件的典型代表。OE 硬件具有发育和学习的能力，在个体发育的过程中，O 轴和 E 轴不停地相互影响。在 OE 硬件中，可以认为 E 轴通过增量学习算法负责更新参数，O 轴通过生长和修改过程使得硬件的拓扑结构能够适应环境变化。POE 硬件同时具有进化、发育和学习的能力。POEtic 芯片便是一个包含 3 轴的硬件平台,通过进化、发育和学习的过程,能够适应动态的、部分不确定环境的硬件。

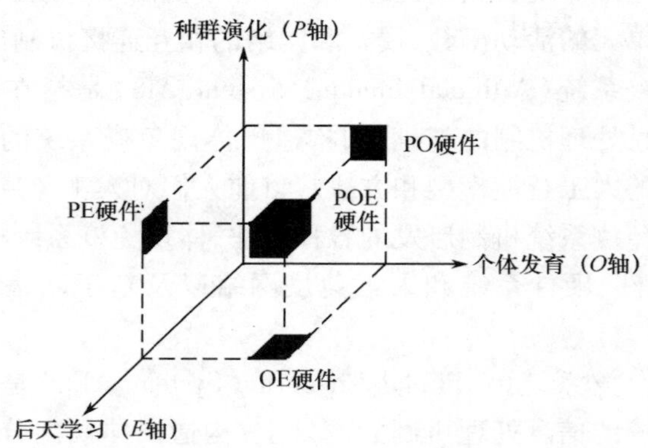

图 1.3 混合 POE 硬件

1.3 胚胎型仿生自修复硬件的研究现状与发展趋势

早在 20 世纪 50 年代,计算机之父冯 · 诺依曼提出了研制具有自修复能力的通用机器的大胆构想[20]。随着电子技术的发展,仿生自修复技术取得很大进展,人们逐渐实现了冯 · 诺依曼的构想,设计了具有自修复能力的电子系统,如胚胎电子阵列(Embryonic Array,EA)[4,20]、演化硬件(Evolvable HardWare,EHW)[21]等。

20 世纪 90 年代,Mange 等提出了胚胎电子阵列,日本学者[21]则提出演化硬件(Evolvable HardWare,EHW)。演化硬件技术是将演化理论应用于电子电路设计中,使电子电路能够像生物一样根据工作环境的变化自主地、动态地改变自身结构与参数以获得期望的性能,具有类似于生物的自适应、自修复等特性。演化硬件技术是基于通用型 FPGA 阵列开展研究的,受限于 FPGA 阵列的结构,演化硬件染色体的编码和表达一直十分困难[13]。根据 POE 模型，种群演化作用在细胞的遗传物质（基因）上，每个细胞包含种群个体的所有基因，演化的过程在于寻找和选择合适基因。从这个角度讲，胚胎电子阵列也为开展演化硬件技术研究提供了更合适的硬件支撑。因此，演化硬件也呈现与胚胎电子阵列相结合的趋势[10,21-23]。

目前，常见的胚胎电子阵列及细胞结构如图 1.4 所示[5,20,24]。

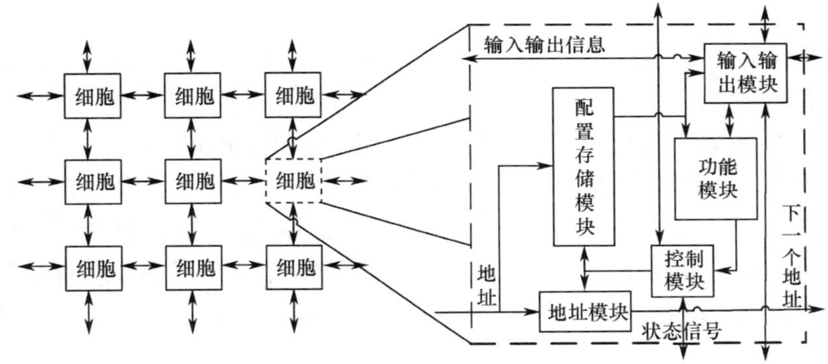

图 1.4　胚胎电子阵列及细胞结构

从结构上看，胚胎电子阵列是由阵列细胞组成的均匀二维阵列，每个细胞的硬件结构完全相同，通过冯·诺依曼近邻连接形成二维阵列。胚胎电子阵列中，每个细胞由地址模块、配置存储模块、功能模块和输入输出模块等构成。

从功能上看，阵列中的细胞分化为不同的子功能，通过组网实现阵列总功能。在细胞内部，配置存储模块模拟生物 DNA，存储配置阵列的所有配置信息。地址模块实现生物细胞唯一环境的模拟，控制细胞的功能分化，即控制配置存储模块产生配置信息，配置功能模块和输入输出模块。功能单元实现细胞的子功能，并通过输入输出模块的布线完成各细胞功能单元之间的连接，实现阵列总功能。当细胞故障时，控制模块发出故障信息，触发阵列重构，进而维持阵列功能。

目前胚胎电子阵列的研究主要包括 3 个方面：胚胎电子细胞的结构设计；胚胎电子阵列的发育与自修复；胚胎电子阵列的应用。

1.3.1 胚胎电子细胞的结构设计

胚胎电子细胞是构成胚胎电子阵列的基本单元,故胚胎电子细胞的结构设计是胚胎电子阵列研究的一项主要内容。细胞的功能是由功能单元完成,功能单元的优劣直接决定了细胞性能的好坏,是细胞结构设计的重要内容。配置存储模块是电子细胞中占用资源较多的模块,改进配置存储器的设计、减少其资源消耗也是重要的研究内容。阵列的自修复是基于细胞故障的自检测,如何提高细胞故障检测能力也是研究的重点。

在细胞结构方面,早期多为基于多路选择器(Multiplexor,MUX)的结构[25,26],这种结构与早期 FPGA 结构相似。MUX 能够实现各种基本的门电路,故基于 MUX 的结构,理论上能够实现任意逻辑功能,但是其结构简单、功能粒度较小,实现复杂功能时存在布线资源消耗多且结构复杂的问题。近几年,随着基于查找表(Look - up Table,LUT)结构 FPGA 的广泛应用,胚胎电子阵列也普遍采用基于 LUT 的结构。LUT 的本质是存储器,以输入作为地址读取存储器内容作为输出,故只要改变存储器内容,一个 n 输入 LUT(n - LUT)能够实现任意 n 输入的组合逻辑。这样,细胞功能单元粒度增大,实现同样功能需要较少的细胞,相对于 MUX 结构的功能单元来讲,相当于布线资源更加丰富[9,27-30],可以实现更复杂的运算与控制逻辑。最近欧共体实施的"POEtic"工程[22]和"PerPlexus"工程[23,31,32],构建了更加复杂的细胞结构。

在细胞配置方面,一般都是每个细胞包含整个阵列的配置信息[9,28],用地址模块生成的地址来对配置存储模块译码,选择出细胞对应的配置信息。在实际中,很多细胞只会用到少量配置信息,故这种方式存在存储资源消耗大的问题。文献[33]基于列移除重构机制提出 Partial - DNA 的结构,使细胞只包含其右侧和下方细胞的配置,减少了存储资源的消耗。

在细胞故障自检测方面,常采用逻辑块多模冗余的方法实现细胞级故障自诊断[29,34],这种方法故障检测范围不大。近年来,为了扩大故障可测范围,提出了在较高层次上对胚胎电子阵列运行情况进行监控的方法。例如,文献[35]采用汉明码对胚胎细胞的配置存储模块的配置存储器块进行在线诊断与纠错;文献[36]采用扩展汉明码实现配置存储器1位故障细胞内自修复、2位故障触发阵列重构,实现细胞级、阵列级的多层次自修复能力;文献[24]则结合免疫电子学的方法和胚胎电子阵列底层电路分布式自诊断方法实现多层故障防御。

1.3.2 胚胎电子阵列的发育与自修复

胚胎电子阵列的发育机制和自修复特性是胚胎电子阵列运行的基础,也是当前一个重要的研究内容。胚胎电子阵列要实现的总功能,需要分解到每个细胞中独立完成。而如何将总功能分解为各个细胞能够实现的子功能,并完成布线,即完成细胞的分化、阵列的发育,是必须要解决的问题。由于胚胎电子细胞位置不能移动,也不能通过新陈代谢产生新的细胞,其发育机制和自修复特性与生物体细胞并不完全一致,当细胞故障后,阵列怎样完成自修复以维持阵列原有功能也是必须要研究和解决的问题。

在阵列发育方面,基于MUX的细胞结构,可以采用二叉决策图(BDD)实现细胞功能的分化[20]:用布尔函数集描述要实现的逻辑功能,将得到每个函数转换为BDD图,用一个2选1的MUX代替BDD的每个节点(用节点变量作为选择输入,节点的输出作为MUX的输入),将MUX网络映射成一个细胞阵列,最后给每个细胞分配一个多路选择器。这种方法理论上可以实现任意逻辑功能,但由于布线过于复杂,一般只实现比较简单的组合与时序逻辑。目前,基于LUT结构的胚胎电子阵列,细胞功能分化目前还只能人工进行指定[27],通常可借鉴通用FPGA阵列设计的LUT技术映射[37]实现,但缺乏自动化的设计支持工具。近年来,人们开始关注利用在线自动布线算法实现胚胎电子细胞的功能分化,逐步将POE模型中3个领域的特征融合在胚胎电子电路中。文献[10]使用K/N数字神经元来定义细胞的功能,并通过神经元的自学习能力分化细胞的功能,并动态配置细胞之间的物理连接。文献[38]通过Tom Thumb算法实现细胞的生长和分裂。文献[39, 40]考察了生物体细胞的生理过程,提出了细胞计算框架,将其分为蛋白质计算、基因计算、激素计算和表型计算 4 个层次,为指导细胞发育和功能分化提供了新的视角和理论基础。

在自修复方面,一般是将故障细胞进行信号隔离,使阵列发生重构以达到自修复的目的。最开始的自修复重构方式是采用列(行)移除或单细胞移除机制[4]。列移除机制将许多正常细胞移除,造成资源浪费,但是这种方式重构快,且理论上与移除列数没有关系,只要有空闲备份细胞,就能够实现自修复。单细胞移除机制细胞利用率高,但是每个故障点只能够移除有限次,和细胞结构有很大关系。目前,有许多新型的算法应用于胚胎电子阵列的自修复重构。文献[41]通过 Sliding 算法实现阵列的动态重构以适应环境变化。文献[42]通过进化图实现阵列动态重构和组织生长。文献[40]则借鉴人体内分泌系统的工作机理,提出了一种新的细胞阵列自修复机制。

1.3.3 胚胎电子阵列的应用

胚胎电子阵列是为增加电子系统的环境适应能力而提出的,因此实现胚胎电子阵列的应用是研究胚胎电子阵列的根本目的。要实现其实际应用,除需要解决资源开销大、自检测能力有限、自修复重构机制较差等理论问题外,还需要研制专门的芯片、开发工具等,解决工程应用中的问题。

国防科技大学利用胚胎电子阵列思想,基于 Xilinx Virtex 系列芯片,实现了在线自修复 FIR 滤波器[28, 43]。瑞士联邦工学院基于其开发的胚胎电子阵列 MUXTREE[44],构造了 BioWatch[45]、BioWall[46]等,但是 BioWatch、BioWall 均为演示系统,从实验演示到实际应用还存在一些差别。“POEtic”工程项目研究团队开发了 POE 芯片[22],能够同时提供生物启发式硬件要求的基本特性:局部动态重构、自配置和动态布线,并以这个工程为框架设计了一组软件开发工具。利用该芯片实现了小规模的峰值神经网络,下一步研究目标是实现大规模峰值神经网络的生长和测试。“PerPlexus”工程项目研究团队则设计了基于 Ubichip 的芯片[47]及其管理软件工具 UbiManager[32],并将其应用到 MarXbot 机器人平台的控制系统以及神经网络的开发[48]。

“PerPlexus”的基于 Ubichip 的芯片具有与 POE 芯片类似的功能，芯片资源消耗却少得多，但仍然比较大。日本电子技术研究所与 NEC 公司合作研究了数字进化型超大规模集成电路（LSI），将遗传算法的硬件实现、FPGA、用于外部接口的 CPU 集成在一块芯片上，并用来设计残疾人假手[49]。

1.4　全书组织结构

本书共分 5 章，其组织结构如图 1.5 所示。

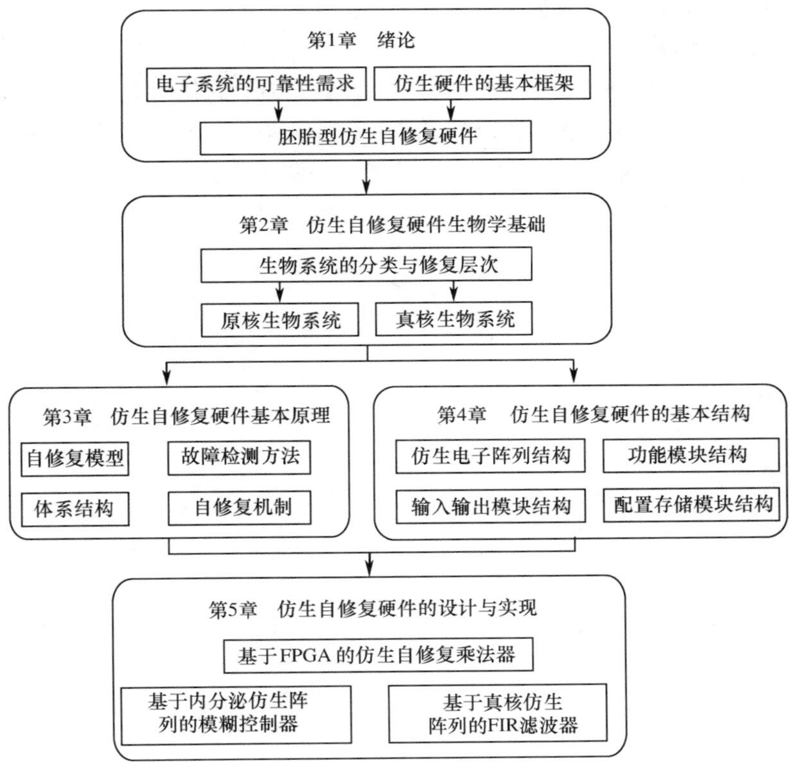

图 1.5　全书组织结构

第 1 章为绪论，介绍仿生自修复硬件的研究背景、基本框架，阐述胚胎型仿生自修复硬件的研究现状与发展趋势，简述本书的组织结构。

第 2 章介绍生物的基本分类以及生物体自修复的 4 个层次，然后分别从原核和真核两个方面，对仿生自修复硬件可能涉及的生物学基本原理进行了介绍。

第 3 章介绍仿生自修复硬件的基本原理，主要包括仿生自修复模型、仿生自修复硬件的基本体系结构以及故障检测方法的基本原理，讨论仿生自修复硬件的自修复机制。

第 4 章介绍仿生阵列的基本结构，阐述几种功能模块的实现结构、布线资源的结构以及配置存储模块、地址模块、自检模块等一些常见模块的基本结构。

第 5 章以 4×4 乘法器为例介绍基于 FPGA 的仿生自修复硬件的设计方法。在介绍相关理论的基础上，讨论基于真核仿生阵列的 FIR 滤波器和基于内分泌仿生阵列的模糊控制器的设计。

第2章　仿生自修复硬件生物学基础

在仿生自修复技术的研究过程中,需要对有关的生物学基本原理进行研究。本章对相关的生物学原理进行简要的介绍,首先介绍生物系统的分类与生物系统的自修复层次,然后分别从原核生物和真核生物两大方面进行介绍。

2.1　生物系统的分类与修复层次

2.1.1　生物的分类

历史上,人们曾先后提出过不少生物分类系统,1959 年由魏塔克(Whittaker)提出的五界系统得到多数生物学家的承认[50]。依据细胞结构和营养类型,五界系统将生物分成两个总界:原核生物总界和真核生物总界。原核生物总界只包括原核生物界,真核生物总界则包括原生生物界、真菌界、植物界和动物界,如表 2.1[50]所列。原核生物总界内生物由原核细胞构成,通常称为原核生物;而真核生物总界的生物则由真核细胞构成,通常称为真核生物。一般来讲,原核细胞比真核细胞

表 2.1　生物五界系统及其主要特征

项目 \ 五界	原核生物（细菌、蓝藻、原绿藻）	真核生物			
		原生生物	真菌	植物	动物
细胞结构	原核细胞	真核细胞	真核细胞	真核细胞	真核细胞
叶绿体	无,只有类囊体	有或无	无	有	无
细胞壁	胞壁酸（细菌）	有或无	几丁质和多糖,无纤维素	纤维素和其他多糖	无

（续）

项目 \ 五界	原核生物（细菌、蓝藻、原绿藻）	真核生物			
		原生生物	真菌	植物	动物
纤毛和鞭毛	细菌鞭毛	有	有或无	配子鞭毛	有或无
细胞数	单细胞或群体	单细胞或群体	多细胞	多细胞	多细胞
神经系统	无	无	无	无	有
营养方式	异养，光合 异养，光合 自养，化能自养	光合自养，异养（吸收及吞噬）	异养（吸收营养）	光合自养	异养（吞噬）
基因重组方式	细菌：转导，转化	接合，受精，减数分裂或无基因交流	受精，减数分裂或无基因交流	受精，减数分裂或无基因交流	受精，减数分裂

结构简单，而且构成的原核生物也比真核生物简单。

2.1.2 生物体的修复层次

生物体的自修复特性是保持其高可靠性的主要原因之一，被割伤的伤口能够愈合就是一个很简单的例子。生物体自修复是进行电路仿生自修复技术研究的生物学基础，要进行仿生自修复硬件的研究，需要了解生物体的自修复机制。这里先对生物体的自修复的层次进行介绍。

原核生物的结构比较简单，而真核生物比较复杂，其自修复的层次也比较复杂，这里以真核生物的自修复特性为基础，分析生物的自修复层次。先以人体为例，进行简要的分析。细胞构成人的器官和组织，器官和组织又构成了整个人体。当细胞内的分子出现故障后，细胞能够将其溶解或消灭，以保证细胞的正常功能；如果细胞不正常，比如发生死亡或者受到伤害，有各种免疫细胞等进行免疫，将不正常的细胞消灭；如果有大量的细胞出现故障，则会出现某器官或组织的功能衰竭或死亡，如果可能就备用的器官实现其功能，比如一叶肺出现故障还有另外一叶肺可以替代完成其功能；当人体出现严重故障，将面临死亡，但是从整个人类的角度看，是强者生存、弱者淘汰的情形。

综上所述，按照生物学的研究层次，可以从种群、组织/器官、细胞和分子 4 个不同尺度层次研究生物体的自修复，如图 2.1 所示。

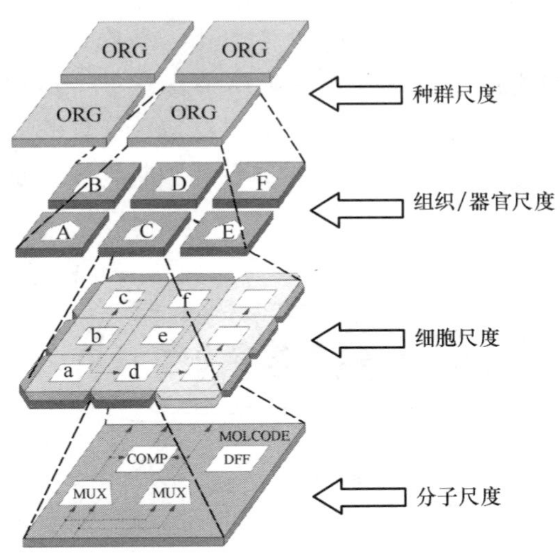

图 2.1　生物学研究层次

从种群尺度看，生物体自修复是通过在大量功能相对独立个体的优胜劣汰使种群保持相对稳定而达到修复目的，从物理效应上看，这种修复机制相当于生物体在种群层次上实现进化。从组织/器官尺度和细胞尺度看，生物体自修复主要是通过组织再生、细胞分裂、分化等类胚胎发育机制来实现肌体的自我修复。从分子尺度看，生物体自修复的机制是构成细胞的元物质的合成与组合。

2.2　原核生物系统

本节介绍在硬件仿生自修复技术的研究过程中，可能用到的有关原核生物系统的一些基础知识。

2.2.1 原核细胞及其结构[51]

原核生物是一类无真正细胞核的单细胞，或类似于细胞的简单组合结构的微生物，一般地，将原核生物的细胞统称为原核细胞[52,53]。

原核细胞比较小，一般为1μm～10μm。原核细胞的外部由细胞膜包围，在膜外有一层坚固的细胞壁，它是由一种称为胞壁质的蛋白多糖组成，这在真核细胞中不存在。细胞质中含有一个环状DNA，没有被膜包围，这个区域称为核区，是存储和复制遗传信息的部位。在原核细胞的细胞质中有核糖体、中间体、糖原粒和脂肪滴等。原核细胞的简化结构如图2.2所示。

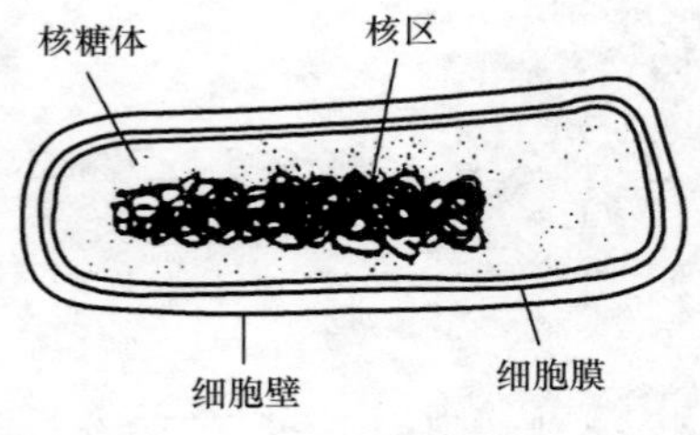

图2.2 原核细胞简化结构

原核细胞包括支原体、衣原体、立克次体、细菌、放线菌与蓝藻等多种家族。

细菌是典型的原核细胞，它具有典型的细胞膜，膜厚8nm～10nm，外侧紧贴细胞壁，具有保护和维持形态的作用，主要成分是肽聚糖。细胞质内有由细胞膜内陷形成的中间体，可能起到DNA复制的支点作用，而且与细胞分裂有关，中间体上还含有细胞色素类物质，可能与能量代谢有关。在细胞质内还有大量的核糖体，能与mRNA形成多聚核糖体，是蛋白质合成的功能单位。大部分核糖体游离在细胞质中，一部分附着在细胞膜的内表面。细菌的DNA盘绕在细胞质的一定区域，没有核膜包围，在不到1μm^3的核区盘绕着长达1200μm～1400μm的环状DNA，可编码2000种～3000种蛋白质。由于细菌没有核膜，因此，DNA复制、RNA转录与蛋白质的合成可同时进行。细菌的基本结构如图2.3所示[51]。

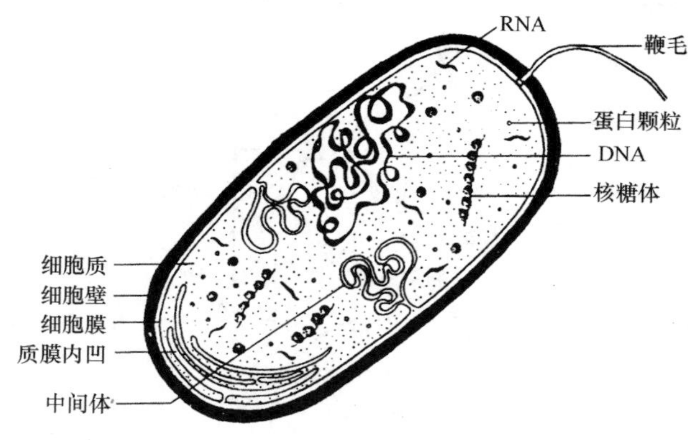

图2.3 细菌的基本结构

2.2.2 原核生物的遗传物质及其特性

原核生物的遗传物质一般为环状双链DNA(少量的为RNA),DNA存在于细胞内相对集中的区域,一般称为拟核,但没有核膜包裹。DNA是原核生物染色体的重要组成成分,分量占染色体的80%以上,其余为RNA和蛋白质。拟核中的DNA只以裸露的核酸分子形式存在,虽与少量蛋白质结合,但不形成染色体结构。拟核中的蛋白质,有些与DNA的折叠有关,另一些则参与DNA复制、重组及转录过程。习惯上,原核生物的DNA分子也常被称为染色体,染色体DNA大多以双链、共价闭合、环状的形式存在[13]。

1. DNA

DNA是脱氧核糖核酸的简称,是染色体的主要化学成分,而带有遗传信息的DNA片段称为基因。因此,在某些情况下,也将染色体或基因简称为DNA。

通常DNA最重要的结构特征是两条多核苷酸链以双螺旋的形式互相绕缠,如图2.4所示。双螺旋两条单链的骨架是由糖和磷酸基团交替构成的,碱基朝向骨架的内侧,通过大沟和小沟可以接近碱基[13]。

两条多核苷酸链上的碱基靠较弱的、非共价键结合使其互相缠绕形成双螺旋。一条链上的腺嘌呤(Adenine,A)总是和另一条链上的胸

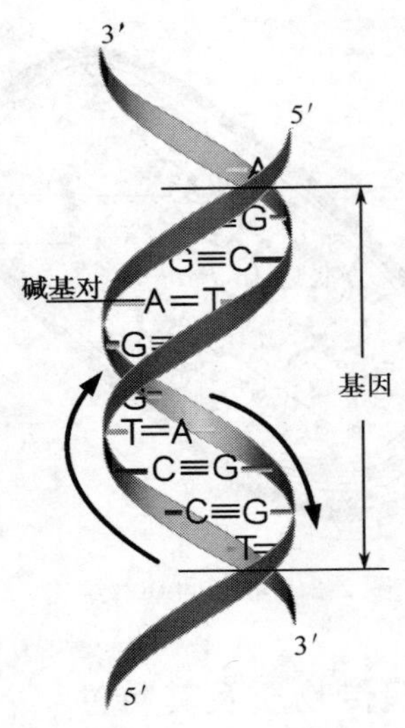

图 2.4　DNA 双螺旋结构示意图

腺嘧啶(Thymine,T)配对,靠两个氢键连接;而鸟嘌呤(Guanine,G)总是和胞嘧啶(Cytosine,C)配对,靠 3 个氢键连接。两条链有相同的几何螺旋结构,但连接它们的碱基配对使得它具有相反的极性,即一条链上 5′端的碱基和另一条链上 3′端的碱基配对,叫做反向平行,这是腺嘌呤和胸腺嘧啶、鸟嘌呤和胞嘧啶互相配对的立体化学结果。同时这种配对的结果使得两条相互缠绕的链上的碱基序列呈互补关系并赋予 DNA 自我编码的特性。

双螺旋一个重要的特点是两个碱基对正好有相同的几何学结构,两个糖之间无论是 A:T 碱基对还是 G:C 碱基对并不会影响它们的排列,因为这两个碱基对的糖附着点间的距离是相同的。T:A 碱基对或 G:C 碱基对也不会影响糖的排列。换句话说,两个糖间有一个大致的二乘对称轴关系,不需要扭曲 DNA 的总体结构,这 4 种碱基对就能安置于内。而且双螺旋的两条糖—磷酸骨架上的碱基彼此间可以整齐地堆积。

如果上述双链进一步扭曲盘绕,还能够形成特定的空间结构,也称为超双螺旋结构,超双螺旋进一步增加了 DNA 的复杂性[14]。图 2.5

给出了超双螺旋的结构示意。DNA 的超双螺旋结构可分为正、负超螺旋两大类,并可互相转变。超双螺旋是克服张力而形成的。当 DNA 双螺旋分子在溶液中以一定构象自由存在时,双螺旋处于能量最低状态,此为松弛态。如果使这种正常的 DNA 分子额外地多转几圈或少转几圈,就是双螺旋产生张力;如果 DNA 分子两端是开放的,这种张力可通过链的转动而释放出来,DNA 就恢复到正常的双螺旋状态。但如果 DNA 分子两端是固定的,或者是环状分子,这种张力就不能通过链的旋转释放掉,只能使 DNA 分子本身发生扭曲,以此抵消张力,这就形成超双螺旋,是双螺旋的螺旋。

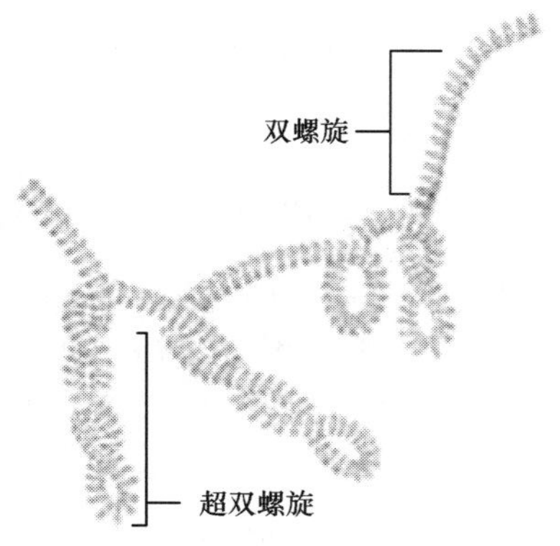

图 2.5　DNA 超双螺旋结构示意图

DNA 的复制采用半保留复制。DNA 分子中,两条链是由互补的核苷酸配对组成的。因此,一条链的碱基序列就可以决定另一条链的碱基序列,因为每一条链的碱基对和另一条链的碱基对都必须是互补的。在 DNA 复制时也是采用这种互补配对的原则进行的:当 DNA 双链展开,每一条单链用作一个模板,通过互补的原则补齐另一条链,进而形成两条与以前结构完全相同的 DNA 双链,如图 2.6 所示。由于每个新的 DNA 双链中都包含有原 DNA 中的一条单链,因而称为半保留复制。

DNA 也具有一定的自修复能力[13]。DNA 修复是细胞对 DNA 受损伤后的一种反应,这种反应可能使 DNA 结构恢复原样,重新能执行它原来的功能。对不同的 DNA 损伤,细胞可以有不同的修复反应。但是,DNA 并不一定能完全消除其自身的损伤,而是使细胞能够耐受这

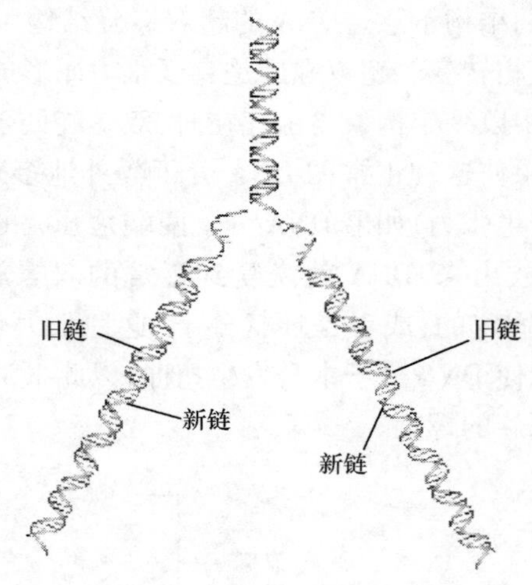

图 2.6　DNA 半保留复制原理示意图

一损伤而继续生存下去。也许这未能完全修复而存留下来的损伤会在适合的条件下显示出来(如细胞的癌变等),但如果细胞不具备修复功能,就无法对付经常发生的 DNA 损伤事件,也就不能生存。所以研究 DNA 修复也是探索生命的一个重要方面,其修复思想与基本原理对仿生自修复硬件的研究也具有参考价值。

2. 质粒

质粒是附加到细胞中的非细胞的染色体或核区 DNA 原有的能够自主复制的较小的 DNA 分子(即细胞附殖粒,又称胞附殖粒)。大部分的质粒虽然都是环状构形,然而目前也发现有少数的质粒属于线性构形,它大量存在于细菌中,在酵母菌、植物的线粒体等中也有少量存在。天然质粒的 DNA 长度从数千碱基对至数十万碱基对都有。质粒天然存在于这些生物里面,有时一个细胞里面可以同时有一种乃至数种的质粒同时存在。质粒套数在细胞里,数目从单一到数千。有些质粒含有某种抗药基因(如大肠杆菌中就含有抗四环素基因的质粒)。有一些质粒携带的基因则可以赋予细胞额外的生理代谢能力,乃至在一些细菌中提高它的致病力。一般来说,质粒的存在与否对宿主细胞生存没有决定性的作用,它是基因工程最常见的运载体。

质粒在细胞内的复制一般有两种类型，即紧密控制型和松弛控制型。紧密控制型质粒只在细胞周期的一定阶段进行复制，当染色体不复制时，它也不能复制，通常每个细胞内只含有 1 个或几个质粒分子；松弛控制型质粒在整个细胞周期中随时可以复制，在每个细胞中有许多副本，一般在 20 个以上。在使用蛋白质合成抑制剂氯霉素时，细胞内蛋白质合成、染色体 DNA 复制和细胞分裂均受到抑制，紧密控制型质粒复制停止，而松弛控制型质粒继续复制，质粒复制数可由原来 20 多个扩增至 1000 个 ~3000 个，此时质粒 DNA 占总 DNA 的含量可由原来的 2% 增加至 40% ~50%。

利用同一复制系统的不同质粒不能在同一宿主细胞中共存，当两种质粒同时导入同一细胞时，它们在复制及随后分配到子细胞的过程中彼此竞争，在一些细胞中，一种质粒占优势，而在另一些细胞中另一种质粒却占上风。当细胞生长几代后，占少数的质粒将会丢失，因而在细胞后代中只有两种质粒的一种，这种现象称质粒的不相容性。但利用不同复制系统的质粒则可以稳定地共存于同一宿主细胞中。质粒通常含有编码某些酶的基因，其表型包括对抗生素的抗性，产生某些抗生素，降解复杂有机物，产生大肠杆菌素和肠毒素及某些限制性内切酶与修饰酶等。

就转移性而言，质粒分为转移性和非转移性两大类。转移性质粒是指质粒能够自动地从一个细胞转移到另一个细胞，甚至还能够带动供体细胞的染色体 DNA 向供体细胞转移，这类质粒也常常被称为转移性质粒。质粒在细菌中的转移，需供体和受体细胞的直接接触才能够进行，即结合作用，因此这类质粒也称为结合质粒。而非转移性质粒就是指不能够自主转移的质粒。有些质粒虽不能够自主转移，但能够被其他一些自主转移质粒所转移，这类质粒被称为可移动质粒。质粒的结合只能在相同或相近的供、受体细菌之间进行，导入受体的质粒也要受到新宿主细胞的限制修饰作用。实验表明，供、受体之间的亲缘关系越近，质粒转移的频率越高。

3. 基因转移

在真核生物中，基因重组主要通过有性生殖方式进行，即在减数分裂过程中的同源染色体间发生局部交换，实现基因的重组与交换，这种将基因传递给下一代的方式一般称为垂直基因转移。

在原核生物中大都没有完全的有性生殖,它们的遗传重组作用只能在特定的条件下才能发生。在原核生物中,遗传重组是指受体细胞接受来自供体细胞的 DNA 片段,并把这种 DNA 片段整合成为受体细胞基因组的一部分。自然条件下,一般将原核生物基因从供体到受体的过程称为水平基因转移。准确地讲,水平基因转移,又称侧向基因转移,是指在差异生物个体之间,或单个细胞内部细胞器之间所进行的遗传物质的交流。差异生物个体可以是同种但含有不同遗传信息的生物个体,也可以是远缘的,甚至没有亲缘关系的生物个体。单个细胞内部细胞器主要指的是叶绿体、线粒体及细胞核。水平基因转移是相对于垂直基因转移(亲代传递给子代)而提出的,它打破了亲缘关系的界限,使基因流动的可能变得更为复杂。从理论上讲,水平基因转移应该包括从原核细胞到原核细胞、从原核细胞到真核细胞、从真核细胞到真核细胞 3 种。

这里简要介绍从原核细胞到原核细胞的水平基因转移,主要指原核细胞中的细菌,即细菌到细菌的转移。目前已经发现,细菌之间的水平基因转移主要包括转化、接合和转导[13]。

转化一般是指某一基因型的细胞从周围介质中吸收来自另一基因型细胞的 DNA,而使受体的基因型和表型发生相应变化的现象[13]。

接合是指在供体细胞和受体细胞直接接触后,质粒从供体细胞向受体细胞转移的过程。介导接合作用的质粒叫做接合质粒,也叫自主转移质粒或性质粒。在接合作用中,质粒除能从供体细胞向受体细胞转移外,有些质粒还能带动供体的染色体向受体转移[13]。

转导是利用噬菌体为介质,将供体菌的部分 DNA 转移到受体菌内的现象。因为大多数细菌都有噬菌体,所以转导作用较普遍。另外,转导 DNA 位于噬菌体蛋白外壳内,不易被外界的 DNA 水解酶所破坏,所以比较稳定。转导可分为普遍性转导和局限性转导两种类型。在普遍性转导中,任何供体的染色体都可以转移至受体细胞。而在局限性转导中,被转导的 DNA 片段仅仅是那些靠近染色体上溶源性位点的基因,因为这些基因常常在原噬菌体反常切除时被错误地带到噬菌体基因组中[13]。

2.2.3 原核细胞群落及相互作用[54]

自然界中某一种微生物很少以单个个体的情况生存，都是很多个体聚集在一起，并且与其他微生物、动植物共同混杂生活在某一生境里，构成一个生物群落。

群落是指在一定区域里，或在一定环境里，各种群体相互松散结合的一种结构单位。而上述概念中的群体，则是由同种生物不同个体组成的，它是在一定空间中同种个体的集合，在群体中的各个个体是通过种内关系组成一个有机的统一体[54]。

群体不仅是同种个体的总和，而且是具有自己独立特性、结构和机能的总体。群体由个体组成，但绝不等于个体的简单相加，群体内的个体通过种内关系组成一个有机统一体。群落中各个群体之间也存在有各种的相互作用，有些相互作用对某一群体是有利的，而对其他群体是不利的或没有影响[54]。

1. 一种微生物群体中不同个体之间的相互作用

在一个只由一种微生物组成的群体中不同个体之间存在正负作用。正的相互作用叫做协同作用。这种协同作用在自然界中是经常见到的。如土壤颗粒表面上菌落的形成，微生物对于不溶性底物如几丁质、纤维素、淀粉、蛋白质、土壤和岩石中无机元素等的利用、遗传物质的交换、病原微生物导致疾病和微生物群体抵抗不良环境等过程都存在协同作用。微生物群体还可以通过信息的传递达到协同作用。

微生物群体中负的相互作用叫做竞争。竞争包括对食物的竞争和通过产生有毒物质进行竞争。在微生物细胞的遗传基础上也存在负的相互作用。

2. 不同微生物群体之间的相互作用

不同的微生物群体之间存在许多种不同的相互作用，但基本上也可以分为正的相互作用和负的相互作用。在一个生态系统中，如果其中的群落比较简单，那么相互关系也就比较简单。如果是一个复杂的自然生物群落，不同微生物群体之间可能存在各种各样的相互关系。正的相互作用使得微生物能更有效地利用现有的资源并占据这个生境；否则就不能在这一生境中生存下去。微生物群体之间的互惠共生关系使得这些微生物共同占据这一生境,而不是被其中之一群体占据。正的相互作用使得有关微生物群体的生长速率加快,增加群体的密度。而负的相互作用使群体密度受到限制[54]。

菌落形成是种群内以协同作用为基础的一种适应,菌落内种群个体的联合使之能更好地利用有限资源。从发展的意义看,协同作用导致种群内成员的聚集,这个结果导致自然生境内小菌落分布的空间不一致。另一方面,种群内的竞争导致个体分散。运动和各种疏散机制有利于个体移动到另外的小环境,并在新位置建立最初的低密度种群[55]。

此外,种群个体间的基因交换也是一种协同作用,基因交换可以防止种群内的过分特化。种群内基因交换机制包括转化、转导、结合和形成有性孢子。

2.2.4 细菌耐药性的形成[56]

细菌耐药性是指原本对抗菌药物敏感的细菌由于自发性突变或获得外源基因引起遗传性状改变而对抗菌药物不再敏感的现象。

1. 耐药性的产生(基因来源)

细菌耐药性的来源有两个途径,即自身基因突变和耐药基因的获得。细菌基因突变是一种自发性随机事件,无论抗菌药物是否存在。自身基因突变概率小,不是产生耐药性的主要原因。细菌的耐药性多为在外环境诱导下经可动遗传因子,如质粒、转座子、噬菌体、整合子等的传递而获得。这种方式获得耐药性概率高,形成后较稳定,是引起耐药性散播的主要原因。

质粒是最早发现的细菌染色体外遗传 DNA,带有各种各样的决定簇,使得它们的宿主菌能在不利环境中更易生存。对抗生素耐药性编码的质粒(R 质粒)最常见,其可对一种抗生素耐药性编码,也可对两种或更多种抗生素耐药性编码。细菌质粒可独立存在,也可部分或全部整合进细菌染色体中。细菌质粒可通过接合、转化、转导等方式在细菌间传递。

转座子是可从细菌基因组上一个位点移至另一个位点的 DNA 序列,比质粒更小,是细菌染色体、质粒和噬菌体的组成部分,基本结构由中心区域和左、右臂组成。中心区域多编码某种抗生素的耐药性和其他功能,而左、右臂由反向重复序列或称插入序列组成。转座子具有转座过程所需的全部遗传信息,其转座也不依赖于DNA序列的同源性。转座子的转座过程是转座子的一个副本仍留在原来的位置上,一个新的副本出现在"靶点",而并不是从一个位置跳向另一个位置[57]。由于转座子在细菌染色体、质粒及噬菌体的作用,造成了耐药性的多样化。又由于转座子本身可自主插入,不受供体菌和受体菌之间亲缘关系的影响,所以转座子可使耐药因子来源增多,并且易于传播。

2. 耐药性的传播(扩散机制)

单个细菌获得耐药性基因后,并不一定能够提高整个菌落乃至整个细菌种或属的耐药性。为了达到此目的,必须将耐药基因传递给种或属内的其他细菌。研究表明:自然条件下,耐药基因可以多种途径在细菌间进行水平转移,不同种或属细菌间的耐药基因水平转移在自然界很容易且经常发生,甚至可发生在平常定植在不同环境的细菌间[58]。

耐药质粒可在同属细菌,亦可在不同细菌间转移。接合是质粒最主要的转移方式。质粒分为接合性质粒和非接合性质粒,接合质粒能启动自己从一个宿主菌转到另一个宿主菌,同时也可向其他非接合质粒或转座子提供转移装置,诱动共处一菌的质粒、转座子转移。质粒是诱动作用很突出的基因转移元件,如IncP质粒,其或者提供连接部件让其他质粒通过(反式诱动),或者与其他质粒形成整合体一起转移(顺式诱动)。近来还发现,即使诱动质粒和被诱动质粒在不同细菌内,质粒诱动也可发生,结果造成供体菌内携带一个自主转移质粒及一个来自受体菌的次级质粒。这类转移称为逆转移,自主转移质粒使供体菌获得受体菌选择性优势的能力,对细菌耐药性扩散的贡献不容忽视。接合及诱动接合是质粒或转座子源耐药基因在细菌种、属间最常见的散播方式。接合转移频率虽然不高,但考虑到细菌在环境中广泛存在,就可以想象通过接合传递耐药质粒在不同细菌间所造成的扩散程度。耐药质粒除以接合方式进行转移外,还可经转化方式进行转移。转化是仅次于接合的质粒重要转移方式。

转化需要细菌处于感受态,一些细菌在其生活史的某一特定阶段可表现感受态,而多数细菌则需以一定方式诱导才能呈现感受态。在人及动物体内由于多种抑菌物质的存在(抗体、抗生素等),细菌形成了原生质体,这些原生质体一方面因失去了某些抗生素的作用部位而表现出对抗生素的耐受性,另一方面原生质体结构促进了细菌的转化作用。

转导作用是由噬菌体介导的细菌之间的基因转移,分普通转导和特异性转导。在普通转导中宿主菌解体后基因可被随机转导,而特异性转导噬菌体只转移宿主基因组内靠近噬菌体整合位置的基因。转导过程可自然发生,在携带噬菌体相对较丰富的水生环境其可能是基因转移的主要方式。

由于质粒自身可携带耐药基因,也可作为转座子及整合子/基因盒的载体,因此在耐药基因的扩散过程中,质粒扮演着关键角色。就在接合转移几乎已成为质粒转移代名词的时候,又发现了接合转座子。目前,已在接合转座子上发现了许多耐药基因,说明接合转座子在耐药基因扩散过程中亦担负着重要角色。

接合转座子通常结合在细菌染色体上,进行转移时,其先从染色体或质粒上切除下来并形成一个非复制性环形中间体,环形中间体再通过接合作用转移到受体菌,随后整合进入受体菌的基因组。整合过程由接合转座子上携带的整合酶介导。接合转座子与通常的转座子不同,它有一个环形中间体,通过接合作用转移,在整合时无需创造一个复制靶位。接合转座子和质粒一样,其诱动作用也很突出,可诱动同处一菌的质粒,拟杆菌结合转座子就具有反式和顺式诱动作用,如一些拟杆菌质粒能被 IncP 质粒诱动,也能被接合转座子诱动。并非所有被诱动成分都是质粒,如一些称为 NBUs(Nonreplicating Bacteroides Units)的小整合成分就可被接合转座子切割及诱动。NBUs 转移时,先从染色体上切下并以共价方式形成非复制环,以反式被接合转座子诱动进入受体菌并整合到基因组。普通转座子可通过整合进入更大的接合性转座子而获得转移,整合子的这种转移方式造成了多重耐药性的传播。

2.3 真核生物系统

本节介绍在硬件仿生自修复技术的研究过程中,借鉴了真核生物系统相关基础知识。

2.3.1　真核细胞及其结构

动物、植物、真菌、原生生物为真核生物。真核生物细胞一般包括细胞膜、细胞质和细胞核3个重要组成部分，对植物细胞来讲，还包含有细胞壁，其基本结构如图2.7所示。

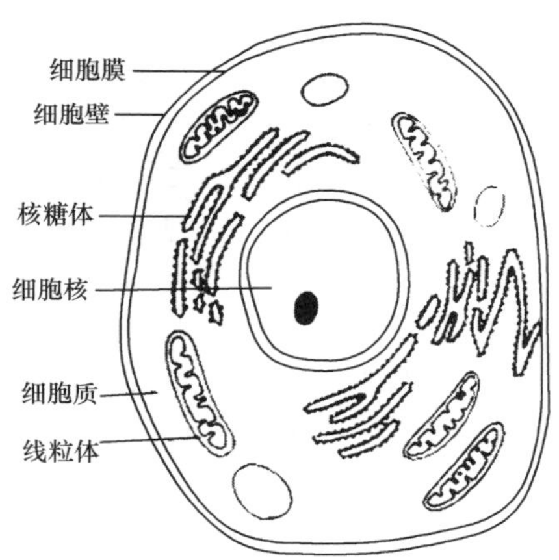

图2.7　真核细胞结构示意图

1. 细胞膜

细胞膜是围绕在细胞最外层的生物膜，又称质膜。细胞膜使细胞具有一定的形态，也使细胞内物质与外界环境相分离，为细胞的生命活动提供相对稳定的内环境[51]。

细胞膜具有选择性的物质运输能力，包括代谢底物的输入与代谢产物的排除，其中也伴随着能量的传递。细胞膜提供细胞识别位点，并完成细胞内外信息跨膜传递。细胞膜为多种酶提供结合位点，使酶促反应高效而有序地进行以及细胞膜介导细胞与细胞、细胞与基质之间的连接。细胞膜参与形成具有不同功能的细胞表面的特化结构。

不但细胞质外有细胞膜，真核细胞内部也存在着由膜围绕构建的各种细胞器，存在于细胞内部的这些膜(包括细胞核膜)称为细胞内膜。细胞膜和细胞内膜统称为生物膜，它们在结构和功能上相似，基本结构相同。

2. 细胞质

细胞质位于细胞膜以内细胞核以外,由细胞质基质和细胞器组成。

1）细胞质基质

细胞质基质是细胞的重要结构成分,含有数千种酶类、细胞质骨架结构以及细胞代谢产物等组成的内含物。许多中间代谢过程都在细胞质基质中进行。

细胞质基质参与信号传导、蛋白质的分选和转运以及蛋白质的修饰、折叠,控制蛋白质寿命和蛋白质选择性降解等过程。

细胞质骨架参与细胞形态维持、细胞运动、细胞内物质运输及能量传递等过程。同时,也是细胞质基质结构的组织者,为细胞质基质中其他成分和细胞器提供定位锚点。

2）细胞器

细胞器是真核细胞中具有一定形态、执行特定功能的功能性结构,主要有线粒体、内质网、高尔基体等。

(1) 线粒体。线粒体是细胞有氧呼吸和能量代谢的中心。在线粒体中进行生物氧化的各种反应,产生 ATP,供给细胞生命活动所需能量。线粒体还可独立地进行蛋白质的合成,主要是控制合成与生物氧化有关的酶类。

(2) 内质网。内质网是真核细胞重要的细胞器,是由膜系统构成的分支管状和扁平囊状结构,并与细胞膜、核膜和高尔基体相连。

根据内质网的结构与功能,可将它分为糙面内质网和滑面内质网两种基本类型。糙面内质网的主要功能是分泌性蛋白和多种膜蛋白的合成、修饰与加工、折叠与装配及转运。滑面内质网则是脂质合成的重要场所,能合成构成细胞所需的包括磷脂和胆固醇在内的几乎全部膜脂。此外,内质网也为细胞质基质中许多酶提供了附着点,有利于生物化学反应的高效进行。

(3) 核糖体。核糖体是细胞不可缺少的基本结构,是由蛋白质与核糖形成的颗粒状结构。核糖体执行功能时,由多个核糖体串连在一条 mRNA 上形成聚合体。核糖体是合成蛋白质的细胞器。

(4) 高尔基体。高尔基体的主要功能是将内质网合成的各种蛋白质进行加工和修饰,如蛋白质的糖基化、切除信号肽等,并将加工好的蛋白质分类和包装，分别运送到各特定的部位或分泌到细胞等，同时也将内质网合成的脂质运输到细胞膜和溶酶体膜，它是细胞内大分子运输的一个主要交通枢纽。此外，高尔基体还是细胞内糖类合成的工厂，是生物膜和细胞壁构成物的补充和供给者。

（5）溶酶体。溶酶体是单层膜包围的、内含多种酸性水解酶类的囊泡状细胞器，普遍存在于动物细胞中。溶酶体的基本功能是对生物大分子的强烈消化作用，对于维持细胞的正常代谢活动及防御外来生物的侵染都具有重要的意义。它可清除无用的生物大分子、衰老的细胞器及衰老损伤和死亡的细胞，帮助细胞消化吞噬入侵的异物，为细胞内的消化器官提供营养。

（6）微体。微体是单层膜围绕的小体细胞器，内含一种或多种氧化酶。其主要功能是分解脂肪酸，还有解毒作用。

（7）细胞骨架。细胞骨架是真核细胞中由几种蛋白纤维构成的网架体系，其主要功能是维持细胞形态，保持细胞内部结构的有序性，而且与细胞运动、物质运输、细胞分裂、细胞分化、信息传递等生命活动密切相关。

3. 细胞核

细胞核是细胞遗传和代谢的调控中心，是真核细胞内最大、最重要的细胞器。细胞核中主要成分是遗传物质，细胞核的出现是细胞进化的重要标志之一。失去细胞核，真核细胞便失去固有的生活机能，细胞很快趋于死亡。

细胞核主要由核被膜、染色质、核仁和核骨架（或核基质）组成。细胞核是遗传信息的储存场所，并进行遗传信息的复制、基因的转录和转录初产物的加工，从而控制细胞的遗传与代谢。

1）核被膜

核被膜是细胞核与细胞质之间的界膜，是核、质之间的天然选择性屏障，对细胞核内物质和进行的生命活动具有保护作用。核被膜并非完全封闭，核、质之间有频繁的物质交换与信息交流，细胞质中蛋白质、酶从核孔复合体输入细胞核，而核中 RNA、核糖体亚基又经过核孔复合体进入细胞质。

2）染色质

染色质是细胞核内由 DNA、组蛋白、非组蛋白和少量 RNA 组成的纤维状复合结构，是细胞间期遗传物质存在的形式。染色质基本包装单位是核小体，它是由组蛋白和双螺旋 DNA 形成的球状体。染色体是染色质在细胞分裂时期出现的另一种形式，进入分裂时期染色质纤维进一步压缩，形成染色体。细胞分裂后，染色体解压缩，形成染色质。染色体中的 DNA 经自我复制，将遗传物质完整地传递给下一代，而染色质中 DNA 携带的基因通过转录成 mRNA 运送入细胞质中表达成蛋白，从而控制着细胞的发育和代谢，同时遗传物质 DNA 通过与组蛋白结合形成染色质，避免产生物理和化学的损伤，从而保持遗传的稳定性。

3）核仁

核仁是一个高度动态的结构。一个细胞核中有一个或几个核仁，核仁的大小随着细胞周期变化而变化。细胞进入分裂时，核仁变形和变小，随着染色质凝集，核仁消失，在中期和后期没有核仁。在有丝分裂末期，染色体分散为染色质，在核仁形成区又开始形成核仁。核仁的主要功能是 rRNA 的合成、加工和核糖体亚单位的装配。

4）核基质

核基质是细胞核内除染色质、核膜与核仁外，细胞核内的网架结构，它主要由非组蛋白的纤维蛋白构成。由于与细胞质骨架有一定的联系，因此又称为核骨架。核基质与 DNA 复制、基因表达及染色体包装与构建密切相关。

2.3.2 生物体的发育

从修复的角度看，生物呈现很多迷人的特性。多细胞生物，如哺乳动物和其他一些高级植物是由大量不同形态的细胞构成。但是，构成这些生物的所有细胞源自一个细胞。为了达到这样一个完美无缺的构建过程，最初的细胞，也叫合子，需要一个详细的构建计划。由合子发育而成的细胞也包含了这样的计划，这样可以最终构建一个生物体。

一个生物体之所以可以成长，在于它的细胞可以存储和传递信息。而不同细胞的不同行为需要大量指令信息。生物已经进化成一个数据库，这个数据库可以存储生物体不同发展过程中所需的各种指令，并且存有不同细胞所需的指令。令人更为惊叹的是，这样的数据库只占到构成生物体的细胞中很小一部分。

蛋白质是细胞功能的重要承担者。蛋白质构成了细胞的结构,它可以形成不同的酶来催化细胞内的各种化学反应。蛋白质同样促进细胞在生物体内的移动与通信。实际上,具有什么样的蛋白质将决定它具有什么样的特性与功能。因此,蛋白质可以认为是细胞内存储信息的体现者。

DNA 是细胞承担功能的决定者,每个蛋白质都是由线性排序的氨基酸所组成,而这些氨基酸的信息是存储在 DNA 中的。DNA 的复制可以保证它存储的信息能在细胞间传递。

在胚胎发育早期,细胞必须处于特定的分裂状态。但是,在这之前,胚胎干细胞,具有变成任何形态的细胞的潜力。实际上,它的意义远大于此。胚胎干细胞可以说是全能的,每个这样的细胞可以发展成完整的生物体。成年人的干细胞不会像胚胎干细胞那么万能,但是它们仍被相信是全能的。它们能够产生各种形态的细胞。在人体中,这些细胞可以产生特定类型细胞来代替那些死亡的细胞。隐藏在干细胞中便是 DNA。也正是由于 DNA 所存储的信息与指令最终可以使干细胞可以发展成为一个完整的生物个体。

细胞之间通过复杂的机制进行通信,才能将数量多得难以计算的细胞通过有效的协作形成复杂的器官和组织。某一细胞影响其他细胞的行为及引发不同类型的反应情况。因此,研究自修复机制,必然需要弄清细胞之间的通信机制。

2.3.3　生物细胞的通信

细胞通信是指细胞间信息传递和接收,并使受体细胞产生相应反应的过程,细胞通信是细胞的社会交往的基础。虽然细胞间具体通信途径不同,但完成通信双方所扮演的角色是相同的。发起通信的细胞通过释放一个特殊类型的信使分子来发起通信。而另一方,通过受体蛋白可以接收并感知这个信使,并会对这个信使做出相应反应。发起通信的一方称为信源细胞,另一方称为目标细胞。

根据信使分子在信源细胞与目标细胞间的传送方式,可对细胞通信进行分类,主要包括接触通信、神经通信、内分泌通信以及旁分泌和自分泌通信。

1. 接触通信

并不是所有的通信都通过释放信使分子来完成通信。在接触通信方式中,信元细胞并不释放它合成的信使分子,而是让信使分子连接在细胞膜上。目标细胞需与信使分子直接接触来使其受体来识别与接收这些信号。

接触通信适合于细胞组织内的通信。在发育的过程中,一组未分化的干细胞通过这种通信方式确定自己分化成什么类型的细胞。在神经系统中,也存在这种通信方式。一个分化为神经元的细胞会向相邻细胞发出阻止信号,防止它们也变成神经元,使细胞所处组织不发生变化。除了神经系统外,免疫系统也利用接触方式通信。细胞接合并捆绑抗原和致病物质,并传递给免疫细胞,以决定是否对它们销毁。

2. 神经通信

神经通信是另一种常见的细胞间通信方式,其信号传递过程比较直接。神经元细胞的纤维状轴突将会直接把神经元与目标细胞连接起来。轴突可达几厘米长,从而允许远距离通信。

轴突末端与目标细胞的连接是由突触完成的。从神经元传来的电信号将会使信使分子传到突触中。这些分子称为神经传递素,将会被目标细胞的受体所接受。因为是电信号在轴突内传播,所以通信速度很快,可以达到100m/s。

轴突中传播的是电信号,神经通信在这一点上可明显区别于其他通信方式。但神经通信同样需要释放信使分子到细胞外,从这个角度讲,神经元通信可认为是一种远距离的旁分泌通信方式。

3. 内分泌通信

内分泌通信是最广泛的细胞通信方式。信元所发出的信使分子可以在整个体内传播。信使分子在内分泌细胞中合成,并释放到循环的血液中。这些信使分子通常又称为激素。

4. 旁分泌和自分泌通信

旁分泌和自分泌通信只在局部范围内起作用。旁分泌通信方式可以使细胞与其相邻的细胞进行通信。典型的例子是伤口愈合,受伤部位会产生高效能细胞生长素,促使皮肤细胞产生更多的粘附分子,来帮助受伤区的恢复。同时,生长素激发产生巨噬细胞,把暴露在皮肤上的致病源移去。为了保证旁分泌通信方式在局部的完成,信使分子会在局部介质上停留,并最终到达目标细胞。如果这些信使分子不能被目标细胞迅速识别和检测,它们可能会被细胞外的蛋白质酶解。它们的传播可能会受到细胞周围结构的影响而受到限制。

自分泌通信方式的信元细胞同时也是目标细胞,即发出的信使分子最终回到了信元细胞。一组相似的细胞间可以通过自分泌通信方式来达到集体决策。被不同类型的细胞所包围的细胞可能会接收到比较弱的自分泌信号。然而,被相似类型的细胞所包围的细胞可能会收到一个比较强的信号。通过自分泌通信方式来激发自身,在某些时候,可能会出现不可控制的局面。

2.3.4　生物体的自修复

众所周知,机体对组织和细胞的损伤或缺损有着巨大的、惊人的修补恢复能力,既表现在组织结构的恢复上,也表现在能不同程度恢复其功能上。缺损或损伤的组织细胞的修复可以是原来组织细胞的"完全复原",由其原有的实质成分增殖来完成;也可由非特化的纤维结缔组织成分构成,取代原有组织细胞,成为纤维增生灶或结疤,即"不完全复原"。传统的病理学概念,前者称之为再生,后者称之为修复。不论再生还是修复,均涉及相同或相似的原则,这里主要对再生进行介绍。

1. 组织的再生

再生是指"对于丧失组织或细胞的补偿"。在正常生理过程中,有些组织和细胞不断地消耗、老化和消失,又不断地由同种细胞分裂和增生加以补充,这种再生称为生理性再生,如皮肤的角化细胞不断脱落,其基底细胞又不断增生分化;血细胞在衰老、消耗后,又不断新生补充,均属于此类,其特点是再生后的细胞与组织能完全保持原有的结构和功能,故也称之为完全性再生。而在病理状态下,细胞或组织因损伤所致缺损,此后所发生的再生,则称为病理性再生。也称为修复性再生。当其缺损较浅或轻微时,可由同种细胞分裂增生,同样具有原有的结构和功能(即完全性病理性再生),而当其缺损较深或严重时,则会由另一种替代组织(通常为纤维结缔组织)来加以填补,则失去原有的结构和功能(即不完全性病理性再生)。

1）生理性再生

生理性再生可分为以下几种：

（1）一次性生理性再生。某种组织或细胞在一生发育过程的某个时期只进行一次补偿，如乳牙为恒牙所补偿。

（2）周期性生理性再生。某种组织或细胞在一生中多次反复，具有固定的时间间隔而周期性地进行补偿，如妇女月经后的子宫内膜再生。

（3）持续性生理性再生。即某些组织或细胞在一生中始终经常地消耗、死亡、消失，同时又不断地经常地加以补偿和更新，主要见于具有分裂间期细胞的组织，如表皮细胞等。

2）病理性再生

病理性再生又可分为完全性病理性再生与不完全性病理性再生两大类。

（1）完全性病理性再生。某种组织或细胞缺损后，通过组织的同种特异性细胞的再生而重建其原有的正常结构与功能。只要创伤部位具备完好的基底膜，均可进行完全性病理性再生。

（2）不完全性病理性再生。在多数情况下，由于人和其他高等动物的组织细胞的再生能力大多有限，某些再生能力较弱或再生能力缺乏的组织发生损伤和缺损时，常常不可能通过原有的同种细胞组织的再生，恢复原有结构与功能，尤其组织缺损严重、范围过大、基底膜和周围网状支架遭到破坏的情况下则不可能出现完全性再生，而只能由纤维结缔组织或瘢痕来代替。在大多数的创伤、较广泛的坏死或组织破坏时，只能经不完全性病理性再生加以补偿、修复。

创伤后的组织细胞再生、修复及其愈合，是由邻近、健在的细胞分裂、增殖来实现的，这有赖于组织和细胞的再生能力及其增殖过程，有机体的各种组织细胞具有不同的再生能力。一般来说，其再生能力与生物进化程度有关，即低等动物组织细胞再生能力比高等动物强；也与其分化程度有关，即分化程度高、结构和功能复杂的组织细胞再生能力较弱，反之则强大；更与组织细胞的增殖能力、代谢状态有关，即分裂活跃、代谢旺盛的组织和细胞再生能力强，反之则弱；也与年龄因素有关，处于发育初期的组织比老年期的再生能力强。目前，按照细胞的再生能力大小，可将细胞大致分为以下 3 类：

（1）不稳定性细胞。在正常情况下，细胞在一生中不断进行分裂、增殖，以代替和补充不断衰亡和消耗。此类细胞的再生能力非常强。主要包括皮肤和黏膜、造血细胞、淋巴细胞、胚胎细胞等。

（2）稳定性细胞。细胞在器官发育完成之后即已降低或停止增生，但仍保持着潜在的分裂和增殖能力，当组织细胞遭到损伤或缺损后，则表现出较强的甚至极其强大的再生能力。主要包括各种腺上皮和腺样器官的实质细胞，如肝细胞、胰腺、唾液腺、内分泌腺等。

（3）永久性细胞。细胞出生后即已丧失分裂、增殖能力的，主要为神经细胞，包括中枢神经细胞和周围神经系统的神经节细胞，当其遭受破坏后，由于神经细胞不能分裂增生，成为永久性的缺失。但末梢神经仍可发生有限度的再生，特别是在神经细胞本身未受损破坏的前提下，其轴索仍然具有较强或很强的生长延长的能力。

2. 再生的生理基础

1）细胞周期

生物体内各种各样的细胞，生命过程有长有短。但最终命运只有两种：一是细胞分裂，即由一个亲代细胞变为两个子代细胞；二是细胞死亡，即生命活动消失。这两种命运都是细胞生命活动的基本特征。细胞分裂是一个复杂而又要精确控制的生命过程，细胞分裂前，必须经历细胞增殖过程，进行各种必要的物质准备。从一次细胞分裂开始，经过物质积累过程，直到下一次细胞分裂结束为止，为一个细胞周期，一般分为分裂间期和分裂期两个时期。分裂间期是两次分裂之间的时期，是细胞增殖的物质准备和积累阶段。分裂间期之后随即进入分裂期。

细胞周期受到细胞内外各种因素精密调控，其中决定因素是细胞的内因，受细胞周期蛋白和周期蛋白依赖性蛋白激酶（Cycling - Dependent Kinase，CDK）的共同作用。周期蛋白为调节亚单位，CDK 为功能亚单位。在哺乳动物细胞内，已发现的 CDK 有 8 种，周期蛋白也有多种。不同的 CDK 复合物在调节细胞周期中的作用时期是不同的，CDK 复合物通过使某些蛋白质磷酸化，改变其下游某些蛋白质的结构并启动其功能，实现调控细胞周期的目的。

细胞周期除受 CDK 复合物调控外，还发现有另外两类重要的调控因子。一类是复制起始识别复合体(Origin Recognition Complex，ORC)蛋白，主要调控 DNA 复制起始；另一类是后期促进因子(APC)，主要调控细胞由分裂中期向后期转化。

2）细胞分裂

细胞分裂是细胞增殖的途径，通过细胞分裂使一个细胞变成相同的新的子细胞，子细胞的遗传物质、细胞器等都保证和原来的相同，这就需要一套严密的机制控制细胞分裂。

有丝分裂是真核细胞分裂的主要方式。细胞分裂时细胞核和细胞质都要发生很大变化，是一个非常复杂的过程，由于有染色体和纺锤丝的出现，故称为有丝分裂，其一般包括核分裂和细胞质分裂两个过程，细胞核分裂和细胞质分裂在时间上紧接，也存在核多次分裂而细胞质不分裂，形成有许多游离核细胞的现象。有丝分裂是一个连续的动态过程。

3）细胞分化

多细胞生物是由不同类型细胞组成的，而这些不同类型的细胞都是由一个受精卵经有丝分裂发育而来，但在发育中同源的细胞，产生了结构、形状和功能的差异。这种在发育中由一种相同的细胞类型在细胞分裂后逐渐在形态、结构和功能上形成稳定性差异，产生不同细胞类群的过程称为细胞分化。细胞分化是生物发育的基础和核心，其本质和关键是基因选择性表达，从而导致特异性蛋白的合成。

细胞分化一般是稳定和不可逆的，即分化细胞只能行使这一类细胞的功能，而不能行使另一类细胞的功能。但是在一定的条件下，一种类型的分化细胞可以转变成另一种类型的分化细胞。

4）细胞死亡

细胞死亡有自然死亡和自主死亡两种途径。自然死亡即细胞衰老，自主死亡即细胞凋亡，这两种途径都是细胞的重要生命活动。

(1) 细胞衰老。一切生命的基本活动包括诞生、发育、成熟、繁殖、衰老、死亡等过程。衰老是生物随着年龄的增长在结构和功能呈现出种种退行性变化，使细胞内发生一系列的生理生化改变，最终导致死亡。

细胞衰老过程中,细胞结构会发生明显的变化。首先,细胞核会发生一系列的变化,出现明显的核膜内折和染色质固缩化。其次,内质网、线粒体和膜系统发生改变,内质网排列混乱,总量减少。细胞内线粒体数量减少,体积增大,某些线粒体外膜被破坏,多囊体释出。膜系统转变为凝胶相或固相,膜的选透性受到损害。细胞间隙连接减少,细胞间代谢协作减少。再次,衰老细胞中的溶酶体或线粒体发生转变,形成致密体。

细胞衰老是生命活动的一部分,因此也是受基因调控的。关于细胞衰老的分子机制研究已经有了重大发展,发现了可以调控寿命的基因。

(2) 细胞凋亡。细胞凋亡指多细胞生物体内的某些细胞主动地由基因决定自动结束生命的过程,这一过程受到严格的、遗传机制决定的程序性调控,也称为程序性细胞死亡。细胞凋亡对多细胞生物的发育和生存起着非常重要的作用。例如,在发育过程中,幼体器官的退化和消失,如蝌蚪尾的消失和人的手、足成形等都是通过细胞凋亡来实现的。在成熟个体中也存在大量的细胞凋亡,通过细胞凋亡实现组织细胞的自然更新和调节某一类组织的细胞总数,保持组织的稳定平衡。细胞凋亡在防御外界因素干扰方面也起着非常关键的作用,被病原感染的细胞以及病原消失后继续存在的多余的淋巴细胞都是通过细胞凋亡来消除的。细胞凋亡还可以清除生物体内其他一些不再需要的细胞,避免由这些细胞所引起的炎症。

细胞凋亡过程中细胞在形态上和生理生化方面都发生明显的变化。最明显的变化有两个:一是凋亡细胞中染色质断裂成大小不同的片段,实质是 DNA 链的断裂,产生不同分子质量的 DNA 片段;二是组织转谷氨酰胺酶积累并达到较高的水平。

细胞内外的一些因子可以诱导细胞凋亡,这些诱导因子大致可以分为两类:一类是物理因子,包括射线、较温和的温度刺激等;另一类是化学及生物因子,化学因子包括活性氧基团和分子、钙离子载体等,生物因子包括 DNA 和蛋白质合成抑制剂、正常生理因子的失调等。细胞在凋亡因子的诱导下,通过信号转导途径激活细胞内基因,使细胞凋亡。

2.3.5 生物体的内分泌系统

生物内分泌系统由内分泌腺体、内分泌细胞和内分泌细胞所释放的激素所组成[59]。各种内分泌细胞的细胞膜上都分布有与之相对应的受体,大部分的受体都能接收一些化学信号,并根据这些信号做出相应的反应,要么增强激素的释放,要么减弱激素的释放,而这些化学信号中有很大一部分是其他内分泌细胞所分泌的激素[60]。单个的内分泌细胞是一个自主的个体,具有感受器(细胞膜表面的受体)和效应器(细胞分泌激素),而内分泌系统是由大量的相互作用的自主体所构成,这些自主体构成一个动态平衡网络,以适应内、外环境的各种变化[61]。同时由于内分泌细胞所分泌的激素是经血液的运输,扩散到其他的内分泌细胞并与之起反应。适宜的刺激可激发生物体部分内分泌细胞产生适当种类和数量的激素,这些激素和神经系统的共同作用维持着机体内环境的相对稳定,进而影响生物体的行为[62]。

生物内分泌通信原理如图 2.8 所示。源细胞释放特定的信号——激素到血液(或体液)中,激素在血液(或体液)中可以自由运动到任意的细胞附近,各目标细胞通过检查激素与自己的受体是否相匹配来判断是否做出相应的反应。当某个目标细胞识别到激素信号并做出相应动作后,源细胞可以通过检查特定的信号(如体液中某化学物质的浓度)决定是否继续释放激素。

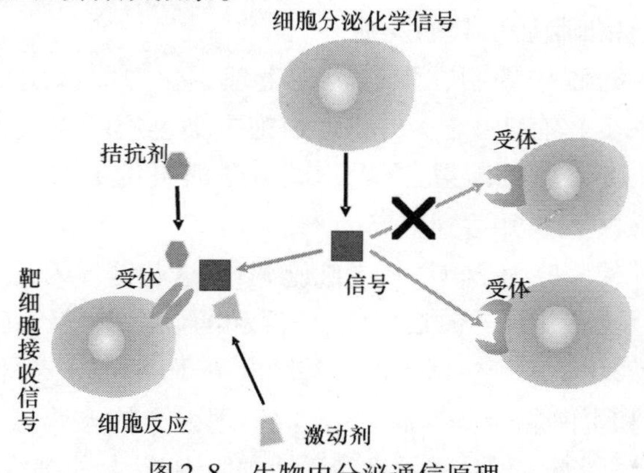

图 2.8 生物内分泌通信原理

内分泌系统的信号传输有两个特点：一个是在源细胞和目标细胞之间消息传递的介质——激素信号有改变其传输路径的自由，允许回避细胞组织中的问题区域；另一个是在内分泌控制中应用的反馈机制：激素信号不仅仅激励连接中的下一目标细胞，还抑制前一细胞的刺激物释放。这种反馈形式提供了一个从目标细胞到源细胞的反馈信号。在实际运作中，源细胞将会持续释放激素信号，直到它确认信号，传递到目标细胞，并且导致一个强健的通信形式。

2.4　本章小结

本章首先介绍了生物的基本分类以及生物体自修复的 4 个层次，然后分别从原核和真核两个方面，对仿生自修复硬件可能涉及的生物学基本原理进行了介绍。原核细胞主要是细菌的结构，DNA 的结构及其复制与修复，质粒及转移特性，转化、接合和转导 3 种水平基因转移，细菌群落内同种群体、不同群体之间的相互合作关系，耐药性的产生和传播；真核生物系统主要包括：真核细胞的结构及细胞内的各种细胞器，生物体胚胎的发育及 DNA 在发育中的作用，神经通信、内分泌通信等生物通信机制，基于再生的生物体自修复以及人的内分泌系统的组成与工作原理。

第3章　仿生自修复硬件基本原理

随着系统复杂度的日益增加,要控制系统底层所有的动态过程是非常困难的,因此,系统的可控性和可靠性将变差。当今社会,这种复杂系统几乎是无处不在,我们的生活也离不开复杂系统。因此,人们提出了动态地对故障进行自检测、自修复的要求,并努力寻找新的自修复系统设计方法。经过探索,研究者把目光投向了其他领域。生物科学与计算机技术的迅速发展,使得两者之间的联系越加紧密,多细胞生物体的整体高可靠性、自我修复能力,为人们解决复杂系统的高可靠性与自修复设计提供了很好的参考。因此,致力于仿生自修复硬件开发与应用的仿生自修复技术应运而生。

硬件电路的仿生自修复技术通过借用生物学的概念,模拟生物体的自繁殖、自修复等有关机制,来设计具有一定自诊断、自修复能力的高可靠性自修复硬件电路,并推进其应用,致力于解决其中的有关理论与技术问题。

在仿生自修复技术中,仿生自修复模型是最重要的内容之一,它是后面进行有关自修复硬件设计的基础。自 Mange 等提出胚胎硬件以来,有许多研究者进行了相关的研究,提出了多种仿生自修复模型,本章首先对其进行介绍。然后,从仿生自修复硬件的体系结构、故障自检测方法和自修复机制 3 个方面介绍仿生自修复硬件的基本原理。在本章的最后,将对仿生自修复的实现方法进行分析。

3.1　仿生自修复模型

仿生自修复模型是研究仿生自修复硬件的基础,是根据生物学的有关概念提出的设计仿生自修复硬件的有关基本理念与思路。

Mange 等将生物体的各个层次与硬件相互对应,提出了4层结构的胚胎电子系统模型[8]。胚胎电子系统模型主要借鉴了真核生物胚胎生长发育的有关概念,而借鉴生物内分泌系统,则提出了内分泌仿生自修复模型[63-65]。真核生物比较复杂,借鉴有关的特性比较复杂,细菌等原核生物则相对比较简单,Samie 等又提出了原核仿生自修复模型[11,66]。

为了与原核仿生自修复模型相对应,一般也称胚胎电子系统模型为真核仿生自修复模型。为论述方便,在下面也将自修复模型简称为模型。下面分别对真核仿生模型、原核仿生模型、内分泌仿生模型进行介绍。

3.1.1 真核仿生模型

多细胞生物是在多重细胞分裂和分化的过程中由单个细胞(受精卵)发育而来的,最初受精卵中只有一份生物体 DNA,细胞分裂发生后,每个细胞都会产生两个子细胞,同时母细胞的 DNA 被完整地复制到它的两个子细胞中。细胞分化过程中,细胞根据它在胚胎内的位置从 DNA 中提取对应基因进行表达,进而形成不同的组织和器官,实现特定的功能。正是因为每个细胞都拥有一份完整的描述生物体的 DNA,使生物体的细胞具有了"通用性",它可以实现人体内的任何功能潜能。当生物体的某一个细胞受到伤害或死亡时,生物体不会死去,生物体会分裂分化产生新的细胞,这些细胞也含有 DNA 的完全副本,通过翻译 DNA 的特定部分来实现损伤细胞的功能,代替损伤细胞,从而保证了生物体的正常活动[51]。

D. Mange 等将硬件与生物体的各个层次相互对应,提出了4层结构的胚胎电子系统模型[4],即这里所说的真核仿生模型。

1. 模型层次

按照生物学的研究层次,可以从种群、组织/器官、细胞和分子4个不同尺度层次进行研究[5,20,67],如图3.1所示。

1)分子尺度(Molecular)

从分子尺度看,生物体自修复是构成细胞的元物质的合成与组合,受细胞染色体的控制。在真核仿生模型中对应的是构成仿生自修复硬

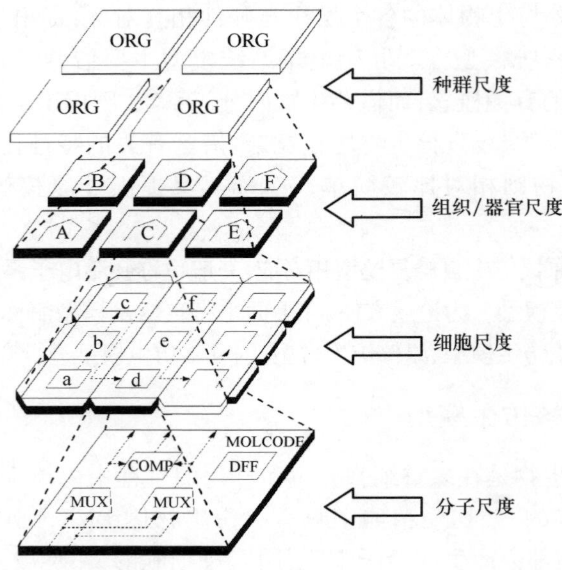

图 3.1 真核仿生模型层次

件中的各种基本逻辑元器件，如多路选择器、比较器、存储器等。一般地，也将由这些基本逻辑单元构成，但是尺度比细胞小的逻辑单元（常称模块）也归入此层次。

2）细胞尺度（Cellular）

在生物体中，细胞是构成生物体的基本功能单元，多个细胞在一起构成一个具有特定功能的组织（器官）。每个细胞具有一定的自修复能力。在真核仿生模型中与之对应的是构成仿生自修复硬件的仿生细胞。仿生细胞为一系列具有相互关系的、能够实现特定功能的基本逻辑模块组合，为了和后面的原核仿生模型中的仿生细胞相区别，书中称为真核仿生细胞，在不影响理解的情况下，也简称为真核细胞、仿生细胞或细胞。一般来讲，仿生细胞也具有一定的自修复能力。

生物发育初期，干细胞的功能是完全相同的，在发育的过程中逐渐分裂分化为完成特定功能的细胞。在仿生自修复硬件中，每个仿生细胞的基本逻辑功能是相同的，在仿生自修复硬件实现特定功能的过程中，细胞通过功能分化实现特定的功能，进而保证整个阵列的功能。

3）组织/器官尺度（Tissue）

在生物中，组织/器官是能够实现特定逻辑功能的单元，是生物体的直接组成部分。在真核仿生模型中，组织对应于仿生自修复硬件中多个细胞的集合，这些细胞物理上相互连接，一般呈某种拓扑结构的均匀分布，在功能上相互关联，不同细胞相互协同，共同实现较强的逻辑功能。

在生物系统中，生物器官中多个细胞相互合作实现生物功能。在仿生硬件中，通过将整体功能分解为每个细胞能够实现的基本功能，并让每个细胞实现之，最后就实现了整体功能。

4）种群尺度（Organism）

在生物系统中，多个组织在一起形成整个生物体。在仿生硬件中，将多个组织相结合，形成总的逻辑功能。在仿生自修复硬件中，可能没有种群层次的结构，也可以认为某个“生物体”只由一个“组织”构成。在[9，28，68]等文献中，该“生物体”的细胞呈二维均匀分布，称为胚胎电子阵列（Embryonic Array，EA）。由于该“生物体”具有阵列结构，故一般都沿用上述名字，将基于该模型的仿生自修复硬件统称为胚胎电子阵列。为了与基于原核仿生模型的仿生硬件对比，本书将胚胎电子阵列也称为真核仿生阵列，如果不影响理解，也简称为阵列。

生物体自修复是通过在大量功能相对独立的个体中优胜劣汰使种群保持相对稳定而达到修复目的，从进化硬件的角度看，这种修复机制相当于在原有系统上的动态演化重构[2，7，69]。

2. 基因与发育

在生物学中，生物体根据基因，发育成整个生物体。在真核仿生阵列中，也具有相似的概念，下面对其进行说明。

1）基因

在 3.1.1 小节的 1 中提到，在真核仿生阵列中，每个细胞的硬件结构是完全相同的。在没有定义阵列的功能时，可以认为每个细胞均为没有分化的“干细胞”，细胞功能是“空白”的，或者说每个细胞的“原始”功能一样。每个细胞具有可配置的结构，细胞的具体功能由细胞的配置信息决定，这与 FPGA 的配置类似[70，71]。

在真核仿生模型中，一般将一个细胞的全部配置信息称为一个基因。

在 Mange 等提出的真核仿生阵列中,每个细胞包含整个阵列细胞的全部配置信息,即所有细胞的基因,称为整个阵列的基因组。即基因组定义为阵列中所有细胞基因的全体集合。

每个细胞都包含有整个基因组,但是在整个自修复过程(参考下面的内容)中,大部分基因信息并不会用到,于是基于该结构提出一些改进[9],使细胞不再包含所有的基因,以减少存储消耗。

2) 发育

在胚胎的发育过程中,主要包括两个过程,即胚胎细胞的分裂与分化。真核仿生模型中,发育一般指将空白的真核仿生阵列配置为实现期望逻辑功能的硬件的过程。真核仿生阵列的发育也可分为"空白"细胞的分裂与分化两个过程。

真核仿生阵列为硬件结构,不能够像生物体那样实现细胞的分裂,将一个细胞变为两个细胞。在模型中,分裂一般指将系统的整体功能分解为每个细胞能够实现的子功能的过程。

真核仿生模型的细胞分化指将空白细胞定义为实现特定功能细胞的过程。在生物中,干细胞能够根据其特定的环境,对特定的基因进行解录、翻译形成特定的蛋白质,进而可以实现整个生物体任何细胞的功能,即干细胞的分化。模型中的细胞分化与生物体中类似,指仿生细胞根据自身的特定环境,选择基因组中特定的基因来配置细胞,使细胞能够实现特定的功能。由于基因组中包含整个阵列所需要的全部基因,因而细胞可以分化为整个阵列需要的任何细胞的逻辑功能。

真核仿生模型中,细胞的环境是通过坐标来模拟实现的,一般将坐标的值称为地址。在文献[43, 72]等中采用了两个方向的坐标来确定细胞在阵列的位置。也就是说,阵列中每个细胞有一个地址,各个细胞地址互不相同,模拟各个细胞的唯一环境。将该环境信息(坐标)用于选择基因组中特定的基因,来实现细胞的功能配置,便完成细胞的功能分化。

3. 自修复

当生物体受伤时,只要不是十分严重,便可以利用自身的修复机制得以恢复。生物体中,每个细胞具有一定的自修复能力,当细胞受到一定的伤害时,能够得以恢复。当细胞受到的伤害比较大,细胞自身难以恢复时,可以通过将受伤的细胞从机体中消除,用新的细胞来代替受伤害的细胞,以使整个机体的功能得以维持。

在真核仿生模型中,也具有相似的自修复特性。模型中的自修复也可分为两个层次:细胞内的自修复和细胞外的自修复。

1）细胞内自修复

细胞内的自修复指细胞在出现故障时,借助自身各构成模块的容错能力,使细胞功能得以保持的过程。这个过程一般发生在分子层,主要的自修复对象是细胞内的各个模块。

由3.1.1小节的论述容易知道,基因决定了真核仿生细胞的功能,基因组决定了整个真核仿生阵列的地位。基因在细胞内十分重要,是细胞内自修复的重要内容。多模冗余是实现自修复的重要方式,这与生物DNA双链结构的二模冗余具有一定的相似性。更多关于细胞内自修复的内容将在关于故障检测方法的3.3节中论述。

2）细胞外自修复

细胞外自修复指当细胞出现不可修复的故障时,将故障细胞移除,由别的细胞代替完成故障细胞功能的过程,这个过程也常称为阵列的重构。在仿生阵列中,细胞不能够像生物那样临时合成,因而在刚开始便将细胞"合成",放在阵列里面。在真核仿生模型中,在阵列中,一般有两种细胞:一种是已经分化的细胞,用来完成阵列需要实现的功能,一般称为工作细胞(Working Cell);另一种是还没有定义任何功能,即还没有分化的"干细胞",一般称为空闲细胞(Spare Cell)。当工作细胞出现故障后,将故障细胞移除,由空闲细胞代替故障细胞。有些时候,不仅故障细胞被移除,与故障细胞相关的一些正常的工作细胞也将同时被移除。被移除的细胞是工作细胞的特殊情况,有的也将其单独归为一类,称为故障细胞(Fault Cell)。在文献[9]所述的结构中,细胞呈二维均匀分布,故障细胞让信号直接通过,而不改变信号的流向,可以说细胞并没有完全被移除,仍然起着导线的作用,因而有时也将故障细胞称为透明细胞。

空闲细胞可以均匀地分布在整个阵列中,也可以分布在阵列的一侧,模型中并没有给出严格的限制。但是从目前的研究情况来看,大多是将其放在阵列的一侧。怎样将发生故障的细胞从工作细胞中移除，由空闲细胞来代替完成其功能，是真核仿生阵列实现自修复来保证可靠性的重要内容。一般地，将该移除替代的实现方式称为自修复（移除/重构）机制，有关内容可参考 3.4 节。

需要说明是，这里的细胞外自修复不仅指细胞层次，也可以将同样的思想用到组织层，在组织层实现移除与重构。由于这种移除在基本原理上是相似的，故一般也将这个层次的移除重构自修复与细胞层次的自修复统称为细胞外的自修复。

4. 布局与连接

布局是将系统功能（即阵列实现的整体功能）分解成为能够让每个细胞实现的子功能，并映射到细胞阵列的各个细胞中的过程。该过程与 FPGA 开发过程中的布局相似[70]。

连接是将分布到细胞中的各个单元用布线资源连接起来。这个过程与 FPGA 开发过程中的布线类似，故有时也称该过程为布线。

整个阵列中的布线资源包括两类，即局部连接和总线。局部连接指相邻的细胞之间的相互连接；总线则将多个细胞连接到一起。

目前，关于布局和连接这两个过程，主要靠手工操作，还没有较好的软件支持。

3.1.2 原核仿生模型

在基于真核仿生自修复模型提出的真核仿生阵列中，细胞中的每个阵列细胞都包含有阵列所有仿生细胞的 DNA，虽然文献[9,27]等提出了一些改进措施，使得存储资源开销的情况大大减小，但存储资源开销还是较大，这依然是真核仿生阵列面临的一大问题。和生物真核细胞相比，原核细胞则结构简单，且它们也具有构成群落而相互合作的能力，这为参考原核细胞及其群落设计更加简洁、高效的电子阵列提供了可能。

文献[66]便借鉴了原核生物特别是细菌的有关特性，给出了原核仿生自修复模型。本书中将基于原核仿生模型的仿生自修复硬件称为原核仿生阵列。下面对原核仿生模型进行介绍。

原核仿生模型是一系列人工原核单细胞结构的集合[66]。下面简称人工原核单细胞为原核仿生细胞或原核细胞。原核仿生模型和真核

仿生模型相比,其主要的特点如下:

(1) 细胞的基因分布式的存储在细胞的各个模块中,而不是使用集中存储器进行集中存储。

(2) 原核仿生细胞模型中,不同细胞的基因是相互关联的。而在真核仿生模型中,各个细胞的基因(配置信息)是没有关系的。

(3) 原核仿生细胞的基因包含细胞的配置信息(Configuration Bit Sequences)和非配置信息(Non - Configuration Bit Sequences),部分基因直接存储,另一部分基因以一种特殊的压缩方式存储。而在真核仿生模型中,细胞的基因全部为细胞的配置信息,以直接的方式存储。

(4) 故障修复本质上仍然需要一定的冗余。在原核仿生模型中,可以不直接备份细胞的基因,而只存储基因与其他基因的相互关系,这里称之为关联冗余。当然,也可以使用真核仿生模型中的直接备份,称为直接冗余。

1. 功能层次

和真核仿生模型类似,原核仿生模型中,也将系统的功能划分为4个层次,包括模块层、细胞层、子系统层和系统层。此外,系统还包括一个连接层,用来连接各功能层次。

1) 模块层(Block)

模块对应原核生物的分子(Molecule)。模块包含细胞的部分基因,是最小的自修复单元。模块的功能由其配置参量 B_{v}(配置信息)决定,配置参量 B_{v} 由细胞的参考值 B_{R} 和差分参量 Δg 共同决定,其相互关系如式(3.1),即

$$B_{\mathrm{R}} = B_{\mathrm{v}} - \Delta g \tag{3.1}$$

2) 细胞层(Cell)

模型中的细胞与生物中的细菌(Bacterium)相对应。细胞是一系列具有相似配置信息的模块的集合。细胞的基因组(CGen)由许多的基因(g)组成,基因由分布在各个模块中的配置参量 B_{v}、差分参量 Δg 和基因关联规则 HGT 共同决定,可以用下面的公式表示。HGT 定义了不同细胞之间的相互关系,即

$$\mathrm{CGen} = \{g_1, g_2, \cdots, g_n\} \tag{3.2}$$

$$g = \{B_v, \Delta g, \text{HGT}\} \tag{3.3}$$

3）子系统层（Sub – System）

子系统对应生物系统的菌落（Colony）。子系统是一系列相关的模块集合，也可以认为是多个细胞的集合。式（3.3）中的 HGT 参数，思想来源于生物中的水平基因转移（Horizontal Gene Transfer），定义了不同细胞之间的相互关系。

多个细胞分布在子系统中，每个基因拥有一个标记（Tag），来区别基因属于哪个细胞。HGT 标记和细胞标记最终确定了某基因在子系统中的位置。

4）系统层（System/Array）

系统与生物系统中的菌膜（Biofilm）相对应。系统是子系统及布线与通信资源的集合，受启发于生物学的循环系统。系统是实现整个仿生自修复硬件逻辑功能的层次，在硬件上可以对应一片仿生自修复硬件。

5）连接层（Bus）

连接层对应于生物系统中的细胞骨架（Cytosleleton）。该层将模型中的各功能层相连接并提供信息通道，归根结底是连接各个模块并提供各模块之间的信息交换通道。连接层包括模块之间的局部连接，连接多个模块或者细胞的总线及全局网络等。

2. 基因

原核仿生细胞中的基因与真核仿生细胞不同，它不是集中存储在某存储器中，而是以分段的形式分布在细胞不同的模块中。基因包括配置信息和非配置信息两部分，配置信息与细胞的功能直接相关，与配置不直接相关的基因存储在非配置信息中。故障修复本质上需要基因冗余，但在原核仿生模型中，基因冗余不是真核仿生模型中的简单完全备份，而是采用了将细胞的多个基因相互关联，采用压缩的方式进行存储，存储细胞不同基因之间的相互关系，并且将其分布式地存储在模块中。

1）压缩与解压缩

生物的 DNA 具有超双螺旋结构，超双螺旋可以描述为参考值和差分量，超双螺旋中的每个点的计算可以使用式（3.1）、式（3.2）和式（3.3）。不同的参考值定义不同的双螺旋，而差分参数对应双螺旋中不同的点。

原核仿生模型中,借鉴细菌 DNA 的超双螺旋结构[73],提出了一种压缩与解压缩方法,简称为超双螺旋压缩,具体的计算方式如式(3.1)、式(3.2)、式(3.3)所描述。如果某些模块的配置信息(基因)很相近,就可以将冗余的备份配置信息压缩成偏差值 Δg,而不必完全备份模块的整个配置信息。每个细胞具有一个参考值 B_R,但是该值并不存储在细胞的任何位置,而仅仅在细胞的各个模块中存储配置参量 B_v 和差分参量,通过式(3.1)就可以计算出细胞的参考值 B_R。利用这种方法,使细胞的配置信息相互关联,如果某模块的配置参量 B_v 出现故障,就可以利用细胞内其他模块根据式(3.1)计算出细胞的参考值,然后再利用公式(3.1)计算出故障模块的配置参量。压缩后某细胞的冗余 DNA(Comp. DNA)可表示为

$$\Delta g\text{Comp. DNA} = \{B_R, \Delta g_1, \Delta g_2, \cdots, \Delta g_n\} \tag{3.4}$$

超双螺旋压缩,使基因的压缩十分容易。同样地,超双螺旋压缩对应的冗余配置信息的解压缩也十分容易。

每个子系统包含多个细胞,将细胞内基因的压缩思想应用到子系统中不同细胞的参考值,可以进一步压缩整个子系统的基因冗余。

2）关联关系

关联关系描述不同细胞的基因之间的相互关系。在生物中,细胞的部分基因可以通过 HGT 过程转移到别的细胞中,通过水平基因转移实现细胞与细胞之间通信。细菌的联合和转换就是两种 HGT 方法[74],前者是近邻连接,后者则通过病毒实现转移。通过 HGT 这种方式获得外部的环境经验,是菌落等原核生物系统学习环境的重要方式。比如细菌可以通过学习获得抵御抗生素的能力,并将此能力转移给群落中的其他细菌。这种方式与真核生物中的免疫系统的功能类似。

在原核仿生模型中,HGT 参数由非配置信息携带,它表明细胞的基因与其他细胞的基因的关系,即怎样实现不同细胞之间的基因转移。决定 HGT 的基因也是冗余信息,在正常工作状态下并不发生作用。该基因仅在发生故障时才被激活,用于故障后的修复。

HGT 是一种基于算术和逻辑函数的算子实现。一般来讲,超双螺

旋压缩和 HGT 都是基于线性函数,因而可以将两个操作合并,用同样的硬件实现,节省硬件资源。但是,在实际中,找到准确的压缩关联基因并不容易。

简言之,在原核仿生模型中,不需要完全的基因备份冗余,而是利用存储在非配置基因中的 HGT 参数,使基因在出现错误(故障)时以借助其他基因来恢复。

3）离散与分布

在细菌等原核生物中,基因不仅存在于核区的 DNA 中,细胞质中的质粒也可以包含基因,细菌的基因分布在细菌内部。在原核仿生模型中,在子系统层,基因是根据其值来分类的,一个细胞定义为具有相近基因值的模块的集合。不仅细胞的配置参量离散分布在不同的模块中,它的一部分非配置信息也可以在子系统中不同细胞之间,利用 HGT 机制传播。

4）较少消耗

一方面,利用超双螺旋压缩,一个细胞的基因表达如式(3.4)所示,结合式(3.1)可知,细胞配置信息的备份只有各细胞的差分参量 $\Delta g_i(i=1,2,\cdots,n)$。和普通的备份冗余相比,这种可以很大程度减少配置信息的存储量,进而减少存储器资源开销。

另一方面,在生物原核细胞中,基因的激活取决于特殊的条件,如外部环境。如果某基因没有激活,它就不需要转录。基因调节网络(Genetic Regulatory Network, GRN)特性解释了细菌怎样控制其基因的转录以及基因怎样编码蛋白质。在原核仿生模型中,GRN 特性用来控制基因编码机制。基因的具体作用(表达)与细胞或其他细胞中其他模块的功能有关,基于这个策略,每个模块就只需要存储少量的基因,这可以有效减少细胞基因组的基因数量。但由于该策越的复杂性,实际上并不一定能够减少硬件的消耗。但是,存储器对单粒子翻转(Signal - Even Upset, SEU)较敏感,故这个方法可以有效地减少基因的单粒子翻转的敏感性,从而提高可靠性。

3. 自修复

原核仿生模型中,最小的自修复单位是模块。同一种群细胞的各个模块,具有相同的细胞参考值,相互之间有相互关联关系,故所有模块都有支持其他模块自修复的能力。除了模块的自修复，还支持模块和细胞移除自修复。

和生物学的原核细菌形态类似，原核仿生阵列的模块移除不需要重构整个阵列，而只需要对被移除部分进行局部优化。如果模块的近邻连接被移除，则需要用总线来替代局部近邻连接。由于使用总线，取代原模块的模块没有太多物理位置的限制，只需要在总线能够达到的地方，但这种方法需要更长的配置参量。自修复过程选择使用的基因冗余模型，可以是直接冗余、相关冗余或者两者的组合。直接冗余和真核仿生阵列中使用的冗余相似，直接复制配置信息。相关冗余主要使用 3.1.2 小节 2 中的超双螺旋压缩机制。

自修复的过程包括两步：一个空闲的模块被激活，其与故障细胞有相同的参考值；将差分参数 Δg 和 HGT 等其他相关参数应用到新模块得到新模块的配置信息。因为冗余信息是以压缩的方式存储的，所以需要通过解压缩才能够提取相关的信息。一个模拟病毒的标记可以用来寻找与故障模块基因相关的 HGT 参数，使只有与故障细胞相关的基因才被解压缩。解压缩包括计算参考值和利用相关参数分化细胞两部分。因此，一个不完全备份的基因，被损坏后仍然能够恢复，只要有相关参数的支持。

这里补充说明一下原核仿生模型中的细胞分化。分化可以认为是具有相同参考值的细胞，即同一子系统的细胞，由于 HGT 参数的不同而不同。

细胞的基因组存在相互关联的关系，使一个模块的基因故障后能够通过其他模块中的基因得以恢复。在工程实际中，整个基因组之间的相互关系并不是显而易见且随意得到的，一般需要认真的设计，需要优化基因之间的相互关系，这可能需要软件（程序）的支持。

4. 连接与通信

原核仿生模型的连接与通信有多种方式，包括基于硬件、基于软件、基于功能等方式。

1）基于硬件

用于连接与通信的硬件，主要指连接层的硬件资源。正如 3.1.2 小节 1 中所述，连接层的作用是连接分布的各个模块和细胞。利用连接层的总线、全局网络,能够提高布线资源的柔性,改进不同模块或细胞之间的连接性能,特别是当模块或细胞之间的局部连接资源被移除时。

2）基于软件

模块和细胞是通过标记来区分的。基因转移目的地也是通过标记来实现,这个标记与生物系统中的病毒类似。通信过程中的软件资源便主要指标记。

原核仿生模型中,标记和硬件连接能够将分布在不同地方的模块和细胞构成整个系统,不同的模块通过连接层连接到一起,并通过标记来相互区分。而在真核仿生模型中,一般是通过坐标来定义唯一的细胞地址,确定细胞的唯一"位置"。

3）基于功能

在生物系统中,原核细胞具有复杂的通信机制,比如细胞到细胞传输、种群感应(Quorum Sensing)等。种群感应是分布式系统中一个有效的决策方法,得到了较好的应用[75]。种群感应为细胞功能和通信使用 BDD、ROBDD、VoD 等技术成为可能,也可以将细胞的功能用作连接资源(Routing Resource)[10, 76]。当输入满足一个阈值时便将细胞移除,这便是种群感知最简单的情形。在 K/N 数字神经网络和 VoD 模型中,细胞的移除等效于执行一个给定的函数。

在生物中,菌膜由许多菌落组成,各菌落之间靠间隙来区分。这些间隙为各个菌落之间的通信提供了通道。在原核仿生模型中,这些间隙由分布在不同子系统之间的模块代替。

3.1.3 内分泌仿生模型

1. 基本模型

内分泌系统是一个复杂而精密的系统,对其进行完全的建模仿真是不太现实的。另外,内分泌通信的许多生物学过程都依靠细胞或蛋白质的自由运作完成的,而电子电路具有结构固定的特性,使得这些过程很难人工复制,必须对其进行简化。借鉴生物内分泌通信的基本原理,给出图 3.2 所示的内分泌仿生自修复基本模型[65]。

内分泌仿生自修复基本模型由输入输出模块、功能细胞、空闲细胞

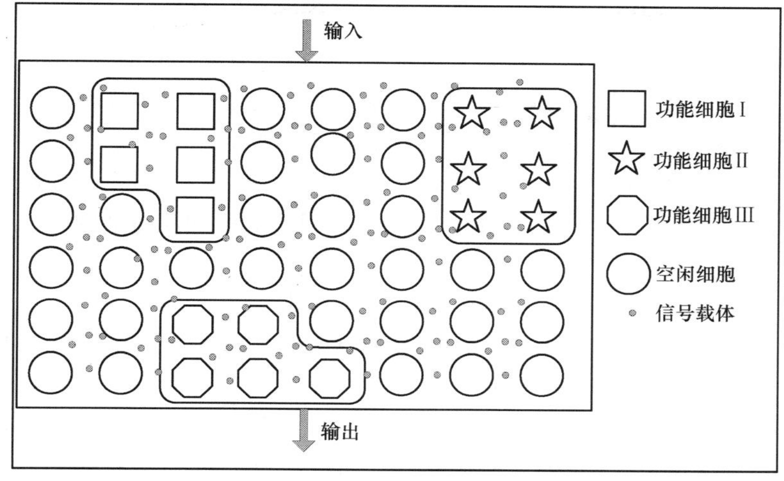

图 3.2　内分泌仿生基本模型

和信号载体组成。输入输出模块提供整个阵列的输入输出数据。功能细胞具有多种类型，图 3.2 中给出了 3 种；不同类型的细胞聚集在一起，形成具有较强数据处理能力的功能单元（也称为组织）。空闲细胞则分布在功能单元的间隙处，用于功能细胞故障后的细胞替换。信号载体“游离”于各个细胞之间，是信号传输的公共通道，要求载体中允许各种信号共存且不相互影响，任何细胞发出的信号都能通过载体到达模型中的任意一个细胞。

阵列的工作原理如图 3.3 所示。输入模块端将需要处理的数据“打包”，以“信号载体”的形式传输到阵列所处的“内分泌环境”中。

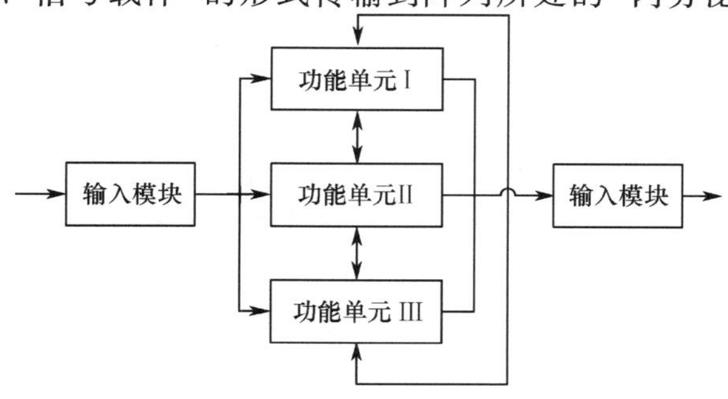

图 3.3　内分泌仿生基本模型工作原理

各功能单元的功能细胞实时检测“信号载体”中的信号,根据自身的功能任务自主选择信号并对信号进行处理,处理完成后又生成“信号载体”,并“分泌”到环境中。输出端则将“信号载体”中需要输出的信号解码后输出阵列。模型中的所有工作细胞为并行工作。

空闲细胞为备份细胞,当某个功能细胞出现故障时能在自修复机制的控制下分化为相应的功能细胞,替换发生故障的功能细胞,完成其原有的功能。

内分泌仿生自修复基本模型具有以下几个特点:

(1) 该模型中有两种不同的细胞,即功能细胞和空闲细胞。功能细胞处于工作状态,通过多个功能细胞的组合形成功能单元,多个功能单元协调完成特定的功能。空闲细胞不直接参与工作,但能够根据其他细胞的工作状态适时被激活而变成功能细胞。

(2) 各个功能细胞之间能实现两两通信,每个细胞能接受任意方向的信息。如图 3.3 所示,所有细胞通过不断检测信号并适时实现信号的输入和输出,并且假定所有的信号能够互不影响地同时存在。

(3) 空闲细胞能够分化成任意的功能细胞。当某个功能细胞出现故障时,空闲细胞能立即分化而实现故障细胞原有的功能,从而修复模型的功能。

2. 简化模型

上一节提出的内分泌仿生自修复基本模型使人工内分泌仿生自修复的实现成为可能,但该模型还存在以下不足:

(1) 任意细胞很难同时实现两两通信。为了实现特定的功能,一般需要大量的功能细胞参与工作,如果每两个细胞之间都有通信线路,那么整个电路的复杂度是难以想象的。

(2) 细胞之间的协调难以实现。基本模型中要求每个细胞都能自主地完成信号的输入输出,为了确保自己输出的信号已经被目标细胞捕获,必须建立一对一反馈机制,当细胞数量很多的时候,机制之间的协调是很难实现的。

因此,为了能将内分泌仿生自修复模型推向应用,对内分泌仿生自修复基本模型进行适当的简化。利用串行运算代替并行运算的简化思想,得到图 3.4 所示的简化模型。

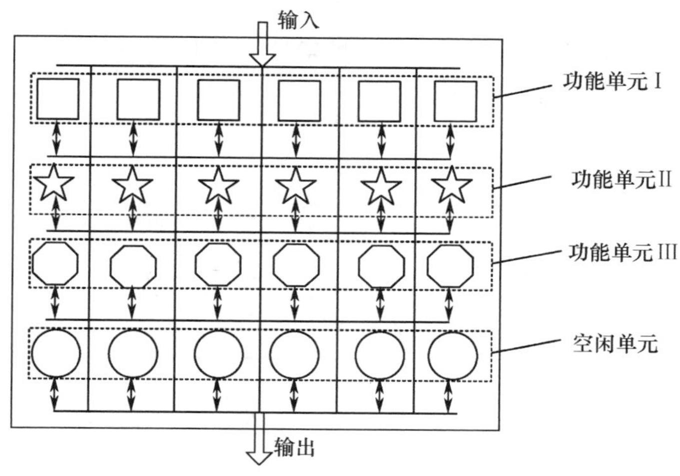

图3.4　内分泌仿生简化模型

简化模型与基本模型相比,其主要的区别在于:虽然各个功能细胞仍然能够实现两两通信或者一对多通信,但各个细胞的通信是分时完成的,图3.5给出了其工作原理示意。

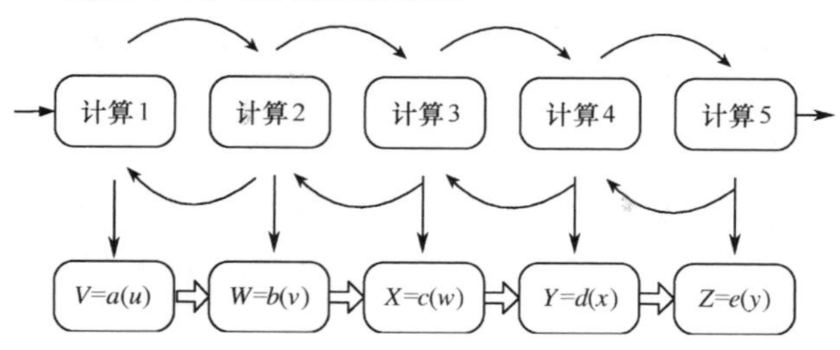

图3.5　内分泌仿生简化模型工作原理

模型的基本工作原理如下所述:输入模块输入数据后,数据会进入第一个细胞(功能单元),该细胞(功能单元)被立即激活。活化作用促使这些细胞对所接收数据进行操作执行并释放结果,该结果以激励信息的形式进入到数据通道中,这些信息传递直到它们发现并激活计算顺序中第二个细胞(功能单元)为止。第二个细胞(功能单元)从激励信息中提取并执行该信息。接着按顺序释放第二组信息来激活第三个细胞(功能单元),同时解除最初细胞的活性,抑制它们的信息释放。这种层叠串联延伸直至在顺序链中的最后一个细胞被激活。简化模型的工作时序图如图3.6所示。

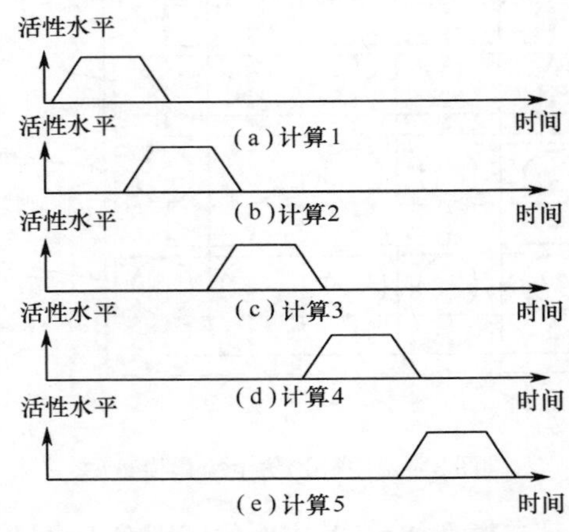

图3.6 简化模型的工作时序图

3.2 仿生自修复硬件的体系结构

仿生自修复硬件实现系统逻辑功能的基本形式是:具有一定基本功能的细胞组成阵列,将整个系统的逻辑功能分解到阵列的各个细胞,来实现系统的逻辑功能,利用分布式的形式完成细胞及阵列的自检测与自修复。从这个意义上讲,仿生自修复硬件中,仿生阵列的体系结构是仿生自修复硬件实现功能的基础,具有重要的意义。

仿生自修复硬件的体系结构种类较多,大致可以分为3类:网状结构、总线结构和复合结构。下面分别对各种结构进行介绍。

3.2.1 网状结构

网状结构是仿生电子阵列比较基础的结构,也是最早被使用的结构[4]。这种结构中,细胞成二维均匀分布,各个细胞与周围相邻的细胞相连,进而组成网络。根据其与周围细胞的连接数量,一般又包括以

下 4 种结构:

（1）与相邻 4 个细胞相连的冯·诺依曼结构。

（2）与相邻 6 个细胞相连的蜂窝状结构。

（3）与相邻 8 个细胞相连的摩尔结构。

（4）与相邻两个细胞相连的链状结构。

1. 冯·诺依曼结构

图 3.7 所示为与相邻 4 个细胞相连的冯·诺依曼连接的网状结构的示意图,细胞在阵列中沿相互垂直的两个方向均匀分布,与上(北)、下(南)、左(西)、右(东)4 个方向相邻的细胞相连,组成网络结构。

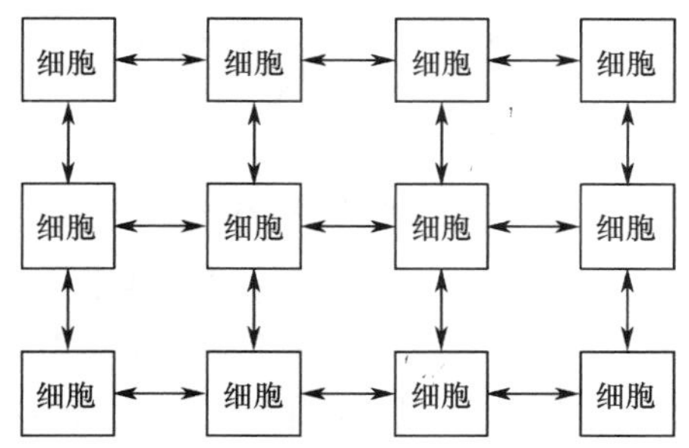

图 3.7　与 4 个相连的网状结构

2. 蜂窝状结构

图 3.8 给出了与 6 个细胞相连的网状结构的示意,细胞在平面内成蜂窝状分布,每个细胞与其相邻的 6 个细胞相连组成二维网络。

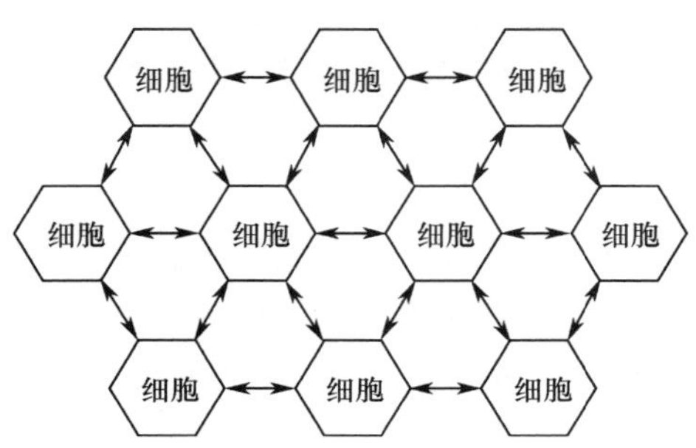

图 3.8　与 6 个细胞相连的网状结构

3. 摩尔结构

图3.9示意性地给出了与8个细胞相连的网状结构,这种结构的细胞分布方式与冯·诺依曼连接的结构相似,只是除了与上、下、左、右4个方向的细胞相连外,还要与左上、右上、左下、右下的4个细胞相连。

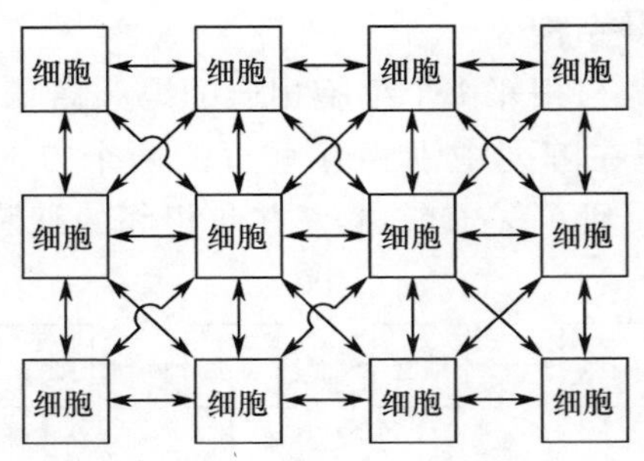

图3.9　与8个相连的网状结构

从本质上讲,上述几种细胞网络结构是一样的,只是与周围细胞连接的数量不同而已。一般来讲,与周围连接的细胞数量越多,布线资源越丰富,布线的时候越灵活,但是,与周围连接的细胞数量越多,与布线有关的逻辑需要消耗的资源如配置存储器也越多。

4. 链状结构

链状结构是细胞构成阵列的另一种基本结构,也可以认为是二维网状结构的退化,当二维网状结构退化为一维时,便得到了链状结构,如图3.10所示。

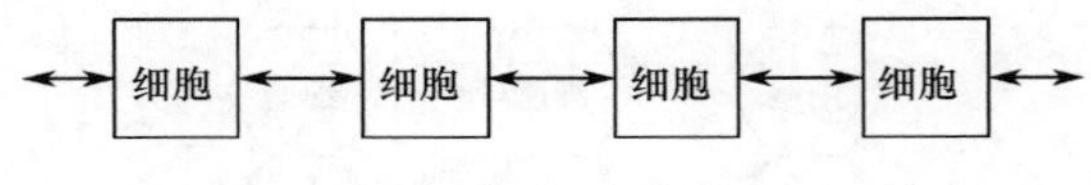

图3.10　链状结构

在这种体系结构中,细胞只与它相邻的两个细胞连接,因而细胞间的连接十分简单,硬件的实现也比较容易。但正是因为它只与相邻的两个细胞连接,因而布线资源相对来讲比较有限,因此,在实际中应用较少。但是,它是构成其他结构的基础,故在这里有必要将它提出。

3.2.2　总线结构

网状结构的细胞阵列中，细胞只与相邻的细胞连接，相隔较远的细胞之间的通信则比较困难。总线是电子系统中常用的拓扑结构，通过总线连接的各个模块之间则没有“距离”的区别。于是，在仿生硬件中，也有使用总线结构的。

1. 基本总线结构

基本总线结构是将所有的细胞连接到总线上，利用总线来实现细胞间的通信，这种体系结构的细胞阵列示意图如图3.11所示。

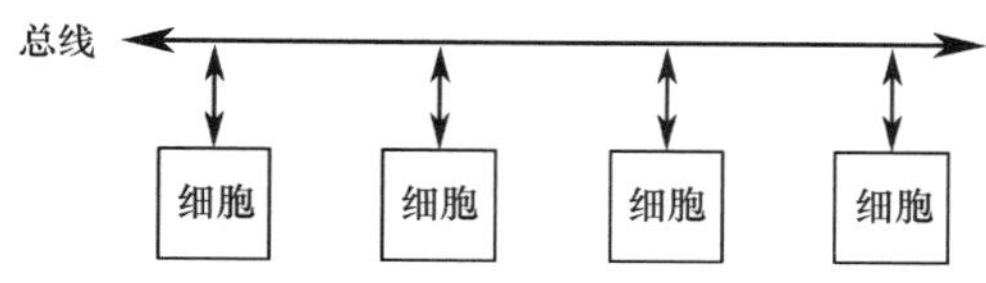

图3.11　基本总线结构

2. 带总线链状结构

链状结构布线资源有限，针对此不足，将链状结构与总线结构相融合，提出了带总线连接的链状结构，简称为带总线链状结构，其结构示意图如图3.12所示。相邻细胞之间有相互连接，而且每个细胞还可以通过总线结构来交换数据。

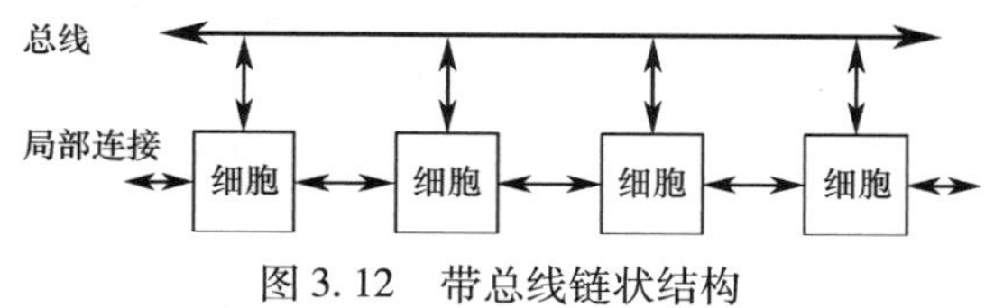

图3.12　带总线链状结构

总线结构增加了布线资源的数量，解决了远距离信号传输要经过多个细胞，占用多个细胞布线资源的问题，同时还减少了信号的延迟。

3. 可切断总线结构

当细胞的数量增多时，总线的利用率降低，总线的相对数量较少，相对来讲作用并不明显。但增加总线的数量又带来资源开销增大的问题。为了解决这个问题，提出了可切断的总线结构，以提高总线的利用率，结构示意图如图3.13所示。

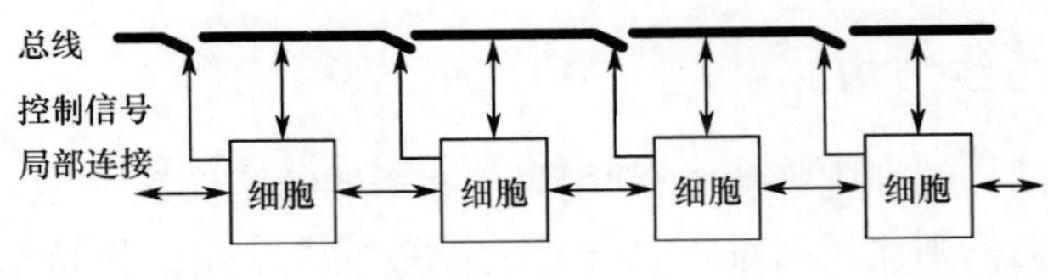

图 3.13　可切断总线结构一

这种可切断总线结构解决了总线的分段复用问题,但是段数太多,给总线带来较大的延迟,图 3.14 给出了一种改进型:图中给出的总线宽度为 4 位。相邻细胞依次切断总线,使总线切断的“段数”不太多而不致引起太多的延迟,又能够实现总线的分段复用。

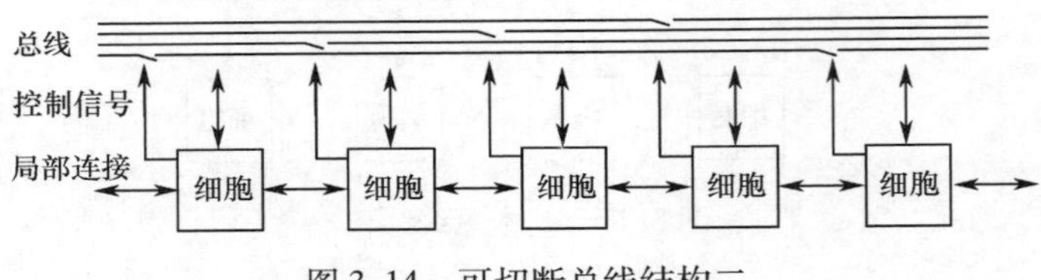

图 3.14　可切断总线结构二

3.2.3　复合结构

在 3.2.1 和 3.2.2 小节中,给出了仿生阵列的两类基本体系结构,上述结构只包含有一个层次,可以将上述结构进行复合,得到多层次的体系结构。例如,在真核仿生模型中,将多个细胞通过某种结构构成组织,然后再将各个组织以某种结构构成整个仿生硬件。

例如,将图 3.7 所示的冯 · 诺依曼结构与图 3.11 所示总线结构复合,可以得到图 3.15 所示冯 · 诺依曼总线结构。

阵列中各个细胞利用将图 3.9 所示的摩尔结构构成子系统,然后再利用图 3.7 所示的冯 · 诺依曼结构构成系统,可以得到图 3.16 所示的摩尔—冯 · 诺依曼复合结构。类似的,将图 3.7 所示的冯 · 诺依曼结构与图 3.12 所示的带总线链状结构相结合,可以得到图 3.17 所示的冯 · 诺依曼—带总线链状复合结构。

在上述两个例子中,组织的拓扑结构都是一样的。但是,需要说明的是,正如生物体的各个组织的结构各不相同,细菌也可以构成不同特性的菌落,仿生硬件中也不要求各结构完全一样,各个组织细胞数、拓

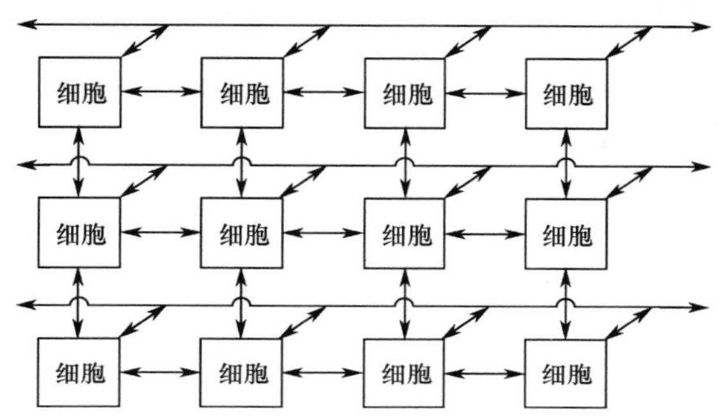

图 3. 15　冯・诺依曼总线结构

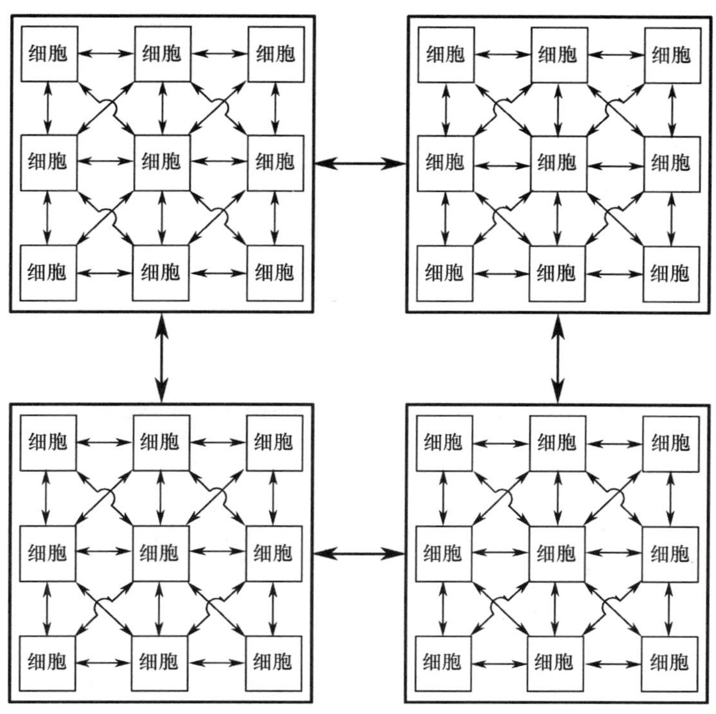

图 3. 16　摩尔—冯・诺依曼复合结构

扑结构都可以不一样，图 3. 18 给出了一个混合结构的实例。

但是，在实际中，一般又将各个组织设计成相同或者相近的结构。

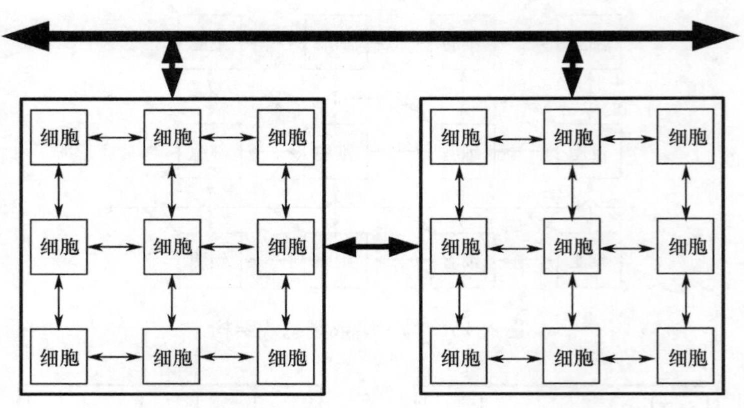

图 3. 17　冯·诺依曼—带总线链状复合结构

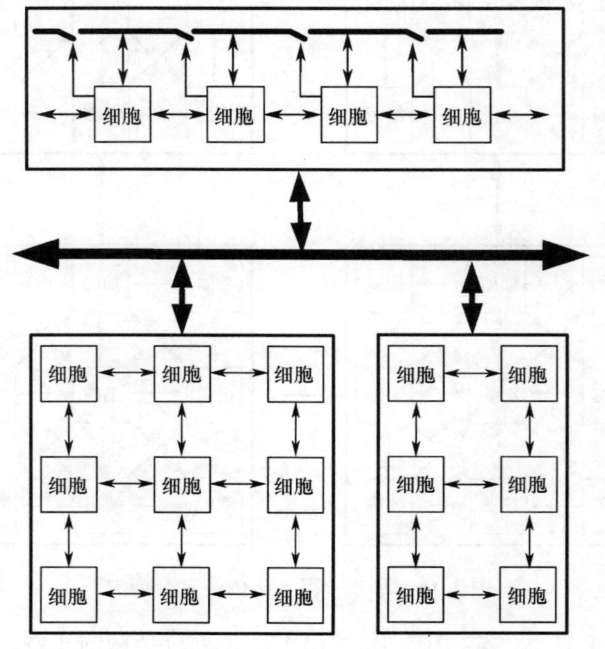

图 3. 18　混合结构

一方面，这样设计相对来讲比较简单；另一方面，在仿生硬件中，是通过移除重构的思想来提高可靠性，要实现组织的替换，两个组织一般应该具有相同或者相近的拓扑结构。

3.3　仿生自修复硬件的故障自检测方法

仿生硬件将系统逻辑功能以细胞或模块为基本单位分布式地实现。如果硬件出现故障，将故障所在的细胞移除，用其他细胞代替完成其功能，进而保证整个系统的功能，提高系统的可靠性。

如何发现故障点所在的细胞，即发现细胞的故障，是仿生自修复硬件研究的一个重要方面。目前，仿生自修复硬件中使用到的故障检测方法主要包括模块多模冗余、编码冗余、对称自检测及细胞互检等。

3.3.1　模块多模冗余

多模冗余是保证系统安全、可靠的重要手段之一，在航天、军事等装备中得到了广泛的应用。多模冗余按照其实现方式，可以分为空间上的硬件多模冗余和时间上的软件多模冗余。硬件多模冗余一般是将实现的硬件在空间上复制多份，理论上“每一份”的输出是相同的，如果某两份输出的结果不一样，则至少某“一份”存在故障。软件多模冗余则一般是将相同的输入进行多次计算，如果多次计算的结果不一样，则表明出现故障。软件多模冗余是时间冗余，因而主要应用于瞬时（短时）故障。

在仿生自修复硬件中，常用硬件三模冗余（Triple Modular Redundancy，TMR）或者二模冗余（Double Modular Redundancy，DMR）。

三模冗余可以用来实现细胞内部的故障自检测与自修复。将细胞内部某模块复制3份，分别记为模块0、模块1和模块2，将模块0、模块1和模块2并联，使用相同的输入，将3个模块的输出送入仲裁逻辑，仲裁逻辑通过比较这3个模块的输出，来判断该模块是否正常，其结构如图3.19所示。

如果3个模块的输出（输出0、输出1和输出2）完全相同，则认为该模块完全正常，将任何一个模块的输出作为模块输出。如果有任意

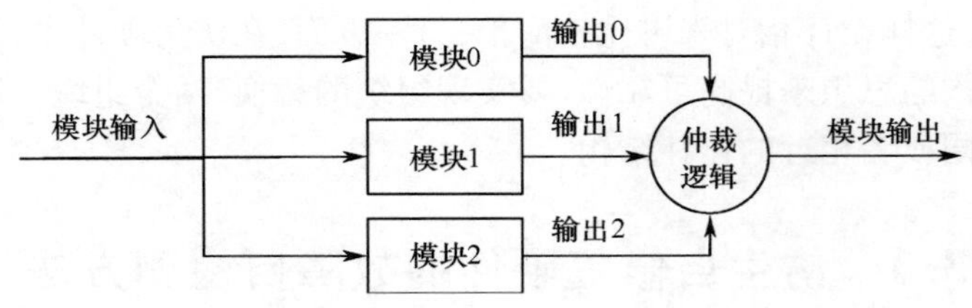

图 3.19　三模冗余原理

两个模块的输出不相同,则可以断定模块 0、模块 1、模块 2 中至少有一个出现故障。一般地,如果模块 0、模块 1、模块 2 的输出完全不相同,则认为至少有两个备份模块出现故障,输出的结果是不正确的。如果 3 个模块的输出有两个相同而与另一个不同,则认为输出相同的两个模块的计算结果正确。

例如,当模块 0 出现故障时,输出 0 与输出 1、输出 2 不相同,但是输出 1、输出 2 相同,仲裁逻辑认为模块 0 出现故障,按照预先设定将输出 1 或者输出 2 作为模块输出,认为输出模块逻辑是正确的。随后,当模块 1 发生故障时,输出 0、输出 1、输出 2 可能完全不相同,此时,仲裁逻辑认为 3 个模块至少有两个出现故障,但是无法判断到底是哪两个出现故障,或者 3 个均出现故障,故只能按照预先设定的逻辑随意输出一个,因此认为模块输出是错误(尽管有可能是正确的输出)的;但是,当模块 0、模块 1 出现故障时,可能出现输出 0、输出 1 相同而与输出 2 不同的情况,如果仲裁逻辑没有记忆功能,仲裁逻辑将认为模块 2 出现故障而模块 0、模块 1 正常,这种情况下将出现误判,如果仲裁逻辑有记忆功能,则不会出现误判。虽然从概率的角度来讲,两个模块发生故障的概率远小于一个模块发生故障的概率,但是为了保证可靠性,将记忆功能引入到仲裁逻辑是一种有效的方法。

如果将三模冗余应用到细胞的某个模块,则该模块具有了一定的容错能力,即细胞具有了一定的自修复能力。即三模冗余不但能够检测故障,而且具有一定的容错能力。但是,它要将模块完全复制 3 份,资源消耗比较大。为了降低资源开销,特别是对某些资源消耗本身就比较大的模块,也经常只复制两份,即采用二模冗余的方法:如果两个模块输出相同,则认为模块正常无故障,任意输出一个即可;当两个输出不相同时,就认为某模块出现故障。二模冗余方法自身没有容错能力,但是二模冗余方法仲裁逻辑相对比较简单,资源开销小且实现容易,因而在仿生自修复硬件中也得到了应用。

3.3.2　关键信息编码冗余

编码冗余是通信、计算机等领域广泛应用的编码容错、纠错方式,常见的编码方式有奇偶校验码、二维奇偶校验码、恒比码、海明码、循环码、卷积码和海明码等。

奇偶校验码是最简单的校验方式,也是其他编码方式的基础之一,首先对其做简要的介绍。奇偶校验码就是将待校验的数据和校验码一起求和,使结果为奇数(奇校验)或偶数(偶校验),或者半加求和,结果为1(奇校验)或者为0(偶校验)。一般计算方法是将所有待编码所有数据位异或,结果即为偶校验校验码,如果为奇校验,则需要将异或结果取反。

海明码在存储器的校验中得到了广泛的应用,在仿生自修复硬件中,也常被用来对细胞的配置信息的容错与故障检测。

海明码的基本原理是在一个数据组中加入几个监督位,并将每一数据位分配在几个奇偶校验组中。当某数据位出错后,就会引起相关的几个监督位的值发生变化。根据监督位的变化,不仅能发现错误,而且能够发现错误的具体位置。海明码的码距为3,故只能够检测和纠正一位错误[77]。在海明码的基础上添加一位,与所有的监督位和数据位异或,形成一个奇偶校验位,能够实现两位报错(包括校验位在内),也排除了当校验位发生一位出错时,导致数据位被错误取反。这样,使用扩展海明码用作细胞内部的存储器自检测,不仅使细胞具有一定的故障自检测能力,还使细胞具有一定容错能力[36]。

下面以偶校验为例对扩展海明码的原理进行详细说明。扩展海明码的编码规则是:每个监督位 M_i 在海明码中被放在位号为 2^i-1 的位置;每一位海明码 H_i 由多个监督位监督,被监督位的位号为各监督位的位号之和。监督位(M_i) = 对所有使用到该监督位的数据位(D_i)进行异或(半加,简记为 +)。偶校验位(J) = 所有的监督位(M_i)和数据位(D_i)进行异或。以数据位为 8 位为例,记编码后的数据为 H_i,则具体的某位的意义及计算见表 3.1。例如,编码后的第 4 位 H_4 为第 3 监督位 M_3,由数据位 D_2、D_3、D_4、D_8 进行异或得到;H_6 由 M_2、M_3 监督;H_{13} 由 H_1 ~ H_{12} 共 12 位异或得到。

表 3.1 扩展海明编码基本原理

海明码位号	各位具体意义	参与校验的监督位号	监督位的计算
H_1	M_1	1	$D_1+D_2+D_4+D_5+D_7$
H_2	M_2	2	$D_1+D_3+D_4+D_6+D_7$
H_3	D_1	1,2	
H_4	M_3	4	$D_2+D_3+D_4+D_8$
H_5	D_2	4,1	
H_6	D_3	4,2	
H_7	D_4	4,2,1	
H_8	M_4	8	$D_5+D_6+D_7+D_8$
H_9	D_5	8,1	
H_{10}	D_6	8,2	
H_{11}	D_7	8,2,1	
H_{12}	D_8	8,4	
H_{13}	J		$H_1+H_2+\cdots+H_{11}+H_{12}$

海明码的查错规则是:监督位代表的二进制数值即为故障位号。如果出现一位故障(即与实际值相反),则所有位异或的结果(J′)会变为 1,将对应位取反则可纠错。例如,$J'=1$,$M=1001$,表示 H_9 出错,将 H_9 取反,其他位保持不变,即为正确数据。如果两位故障,则偶校验位不变,而监督位二进制数值会不为 0。以 8 位数据位为例,扩展汉明编码如表 3.1 所列,若 M 代表(M_4,M_3,M_2,M_1)表示的二进制数值,则查错纠错的代码如表 3.2 所列。

从海明码的编码译码原理可以知道,如果数据位不超过 2^i-1-i 位,则需要的监督位为 i 位,监督位数量线性增加,而可以监督的数量成指数增加,说明监督位的效率随着数据位的增加而明显提高。但是,随着数据位数的增加,所需要的编码译码组合逻辑(主要是异或操作)也显著增加。因此在实际应用过程中,一般不为了提高监督位的效率

表 3.2　扩展海明码查错

	$M=(M_4,M_3,M_2,M_1)$		出错位
	二进制	十进制	
$J'=0$		≠0	两位故障
		=0	无故障
$J'=1$	0001	1	H_1
	0010	2	H_2
	0011	3	H_3
	0100	4	H_4
	0101	5	H_5
	0110	6	H_6
	0111	7	H_7
	1000	8	H_8
	1001	9	H_9
	1010	10	H_{10}
	1011	11	H_{11}
	1100	12	H_{12}
	1101	13	H_{13}

而将数据位取得很多,也不将数据分成很多组来校验,一般需要折中。

3.3.3　对称自检测

多模冗余的方法资源消耗比较大;而扩展海明码则一般用于对存储器的自检测,检测范围有限。目前,在仿生自修复硬件中,故障的检测范围比较小,提高故障检测的覆盖率一直是仿生自修复硬件一个重要的研究内容[78]。

Samie 等将 DNA 的双螺旋结构引入到故障检测中,借鉴 DNA 两条单链的互补性及互补单链的容错与纠错能力,提出了对称自检测方法。对称自检测方法基于对称硬件结构,利用时间冗余,实现故障检测。在假定只有一个故障的情况下,该方法能够检测到所有的固定 0 或者固定 1 故障[78]。

对称故障检测方法,硬件具有对称结构,且有两种工作状态,文献[78]称这两种工作状态为正常操作(Normal Operation)和测试模式(Test Mode),为了对比方便,下面将上所述正常操作记为正常模式。通过比较正常模式和测试模式的输出结果,来判断是否发生故障。在正常模式,输入信号正常输入。在测试模式,将所有的输入信号按照对称结构交换到其相对的地方,并将控制信号取反。理论上,由于硬件的对称性,测试模式的输出应该与正常模式相同,换言之,如果测试模式的结果与正常模式不同,则表示某处出现故障。这种故障检测方法,实际上利用了对称的硬件进行重计算,和硬件冗余相比,资源开销相对较小,但是利用了更多的时间,实际上是时间上的冗余,以时间换取硬件。

下面以4选1多路选择器为例,详细介绍对称故障检测的原理。图3.20示意性地给出了对称故障检测的原理,多路选择器的输入输出关系如表3.3所列。假定在正常模式下,多路选择器的输出选择信号$(\overline{S_1}, S_0)=01$,输出通道选择通道1,输出信号为b,如图3.20(a)所示,表3.3(a)的灰色部分也给出了所选择的输入输出信号。由于多路选择器具有完全的对称性,在测试模式时,将输出选择信号取反,变为$(\overline{S_1}, \overline{S_0})$,同时,将输入信号的a、b、c、d依次更换为d、c、b、a,如图3.20(b)所示。则当输入选择信号$(S_1, S_0)=01$时,处于测试模式,此时$(\overline{S_1}, \overline{S_0})=10$,从表3.3(b)给出的测试模式下的输入输出关系,或者图3.20(b)可以知道,多路选择器的输出仍然是b,输出与正常模式时的输出完全一样。书中“$\overline{X}$”表示将信号“X”取反。

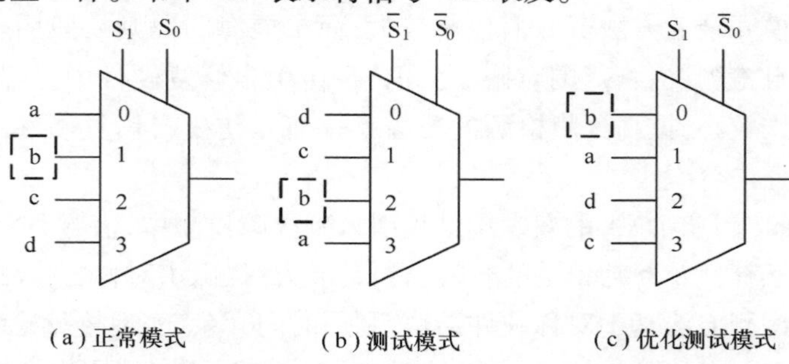

图3.20　对称检测工作模式

在图3.20(b)所示的测试模式中,输入选择信号(S_1,S_0)的两位均需要改变。多路选择器还存在局部对称性,实际上,仅改变输入选择信号(S_1,S_0)其中的一位,就可以实现对称自检。图3.20(c)给出了改变S_0的情况,文献[78]称为优化测试模式(Optimised Test Mode)。这种测试模式下,输出选择信号为($S_1,\overline{S_0}$),表3.3(c)给出了图3.20(c)所述结构的输入输出关系。

表3.3　对称检测输入输出关系

(a) 正常模式

S_1,S_0	输入	输出通道
00	a	0
01	b	1
10	c	2
11	d	3

(b) 测试模式

$\overline{S_1},\overline{S_0}$	输入	输出通道
00	d	0
01	c	1
10	b	2
11	a	3

(c) 优化测试模式

$S_1,\overline{S_0}$	输入	输出通道
00	b	0
01	a	1
10	d	2
11	c	3

假定某时刻输入通道1信号线发生固定1故障,在(S_1,S_0)=01的工作模式下,无论驱动b信号线的信号是什么(0、1或者高阻),多路选择器的输出始终为1。而在测试模式下,由于b信号使用的是多路选择器的输入通道2,则输出信号为b。在优化测试模式下,信号b使用多路选择器的输入通道0,仍然能够正常输出b信号。如果某时刻,驱动b的信号为0,则在正常模式下输出将为1,而测试模式(优化测试模式)下输出正常的数据0,与正常模式下的输出两者不相等,可以判定该多路选择器出现故障。

当然,如果b=1,则不会检测到故障,但是,在这种情况下,输出的信号与期望的信号相同,不会影响整个系统的输出,因而从逻辑功能的层面来讲,该多路选择器在此时是无故障的。因此,从逻辑功能的层面来讲,该方法能够检测到多路选择器的任何一条输入信号线的固定电平故障。从本质上讲,上述优化测试模式和测试模式是一样的,因此,下面不再特意区分上述优化测试模式和测试模式,统称为测试模式。

3.3.4　细胞互检

3.3.1~3.3.3小节介绍了3种仿生硬件中使用的故障检测方法,

从自检测方法的使用空间来讲,一般都是在细胞内部进行,和其他的细胞没有任何关系。考虑细胞之间的相互关系,可以将相邻的细胞联系起来,提出了细胞相互检测,简称细胞互检。

细胞互检的基本原理是细胞检测其相邻的1个或多个细胞的故障,当发现其故障时,获取其配置信息,或者使用某种自修复方式重建其配置信息,来配置别的空闲细胞完成其功能,从而保证整个细胞阵列的整体功能不变。

图3.21给出了一个最简单的细胞互检的例子。图中的细胞呈二维均匀分布,右侧细胞检测左侧细胞的故障。例如,当细胞C_{11}出现故障时,则由细胞C_{12}检测到其故障,并触发细胞阵列实现重构,完成自修复。一些常见的自修复机制,将在下一节中进行介绍。

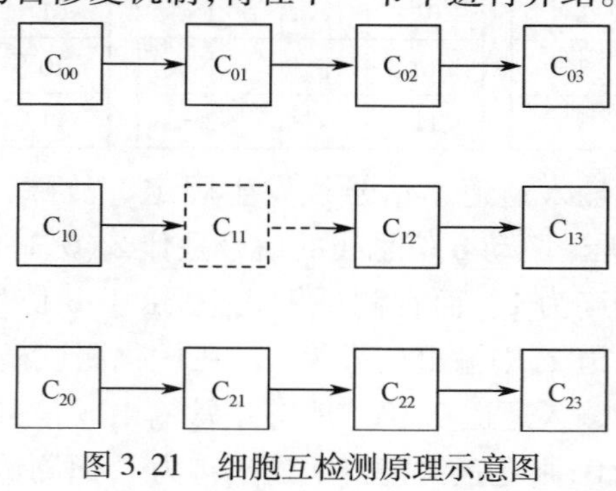

图3.21 细胞互检测原理示意图

3.4 仿生自修复硬件的自修复机制

仿生自修复硬件通过细胞阵列分布式的实现逻辑功能,阵列的自修复则是通过细胞分布式完成,而其基础仍然是冗余——细胞冗余。

在仿生电子阵列中,细胞一般分为工作细胞(Work Cell)和空闲细胞,或备份细胞(Spare Cell)。其基本原理是当某细胞故障后,将故障细胞“移除”,由某(些)空闲细胞转为工作细胞,代替完成其原有功能,使整个阵列的逻辑功能得以维持。这个空闲细胞替换“故障”细胞完成其功能的过程,称为自修复过程。其中的具体实现方法一般称为自修复机制,有时也称为移除机制、重构机制、移除策略或重构策略等。

3.4.1 单细胞移除机制

单细胞移除机制重构方式是指当某个细胞失效时，故障细胞本身被移除，由另外的空闲细胞来替代完成其功能。

对于图3.11所示的总线结构，阵列中各细胞的地位相同，工作细胞和空闲细胞可以任意分布到总线的任何位置，自修复时使用任何一个空闲细胞替代故障细胞即可[65]。

对于链状结构的单细胞移除，由于其结构可视为二维冯·诺依曼结构的退化，故先不对其进行讨论，先介绍冯·诺依曼结构的单细胞移除机制。

当某细胞故障后，有空闲细胞一侧的正常细胞功能逐渐后移，从整体上看，是空闲细胞代替了故障细胞，图3.22给出了空闲细胞在右侧的单细胞移除机制。在某时刻，细胞 C_{22} 发生故障，由于其右侧有空闲细胞，细胞 C_{22} 被移除，细胞 C_{22} 及右侧各细胞（只有 C_{23}）的功能依次移动，最后以 C_{23} 完成 C_{22} 功能，C_{23} 的功能则由右侧空闲细胞代替。

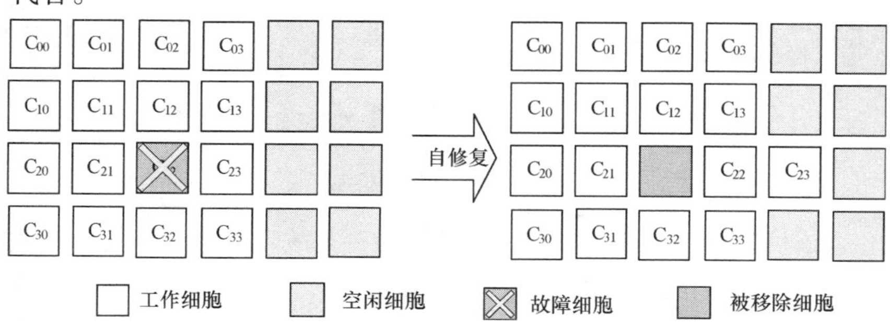

图3.22　单细胞移除机制

单细胞移除机制每次只移除了发生故障的细胞，对空闲细胞的利用率非常高。但是，当细胞移除时，布线资源的方向需要改变（如图3.22中故障前 C_{12} 下方的数据线与正下方的 C_{22} 相连，当故障后其下方数据线则需要与其右下侧的原细胞 C_{23} 相连），实现比较复杂，而且能够移除的次数（细胞个数）与布线资源有关。为了简化自修复机制，提出了列（行）移除机制。

3.4.2 列(行)移除机制

行移除机制与列移除机制在本质上是相同的,故下面仅以列移除机制为例进行说明。在不影响理解的情况下,也将列(行)移除机制简称为列移除机制。列移除机制是指当某个细胞故障后,故障细胞所在的列全部移除,由其他细胞替代它的功能,图 3.23 给出了列移除机制的基本原理。图 3.23 所示的阵列包含 4 列工作细胞和最右侧的两列备份细胞。当某时刻细胞 C_{22} 发生故障,则故障细胞 C_{22} 所在列的细胞全部被移除,由右侧细胞依次代替完成其功能,第 3 列细胞(细胞 C_{03} ~ C_{33})替代完成其左侧第 2 列细胞(细胞 C_{02} ~ C_{32})的功能,第 3 列细胞的原有功能则由其右侧的一列空闲细胞完成。

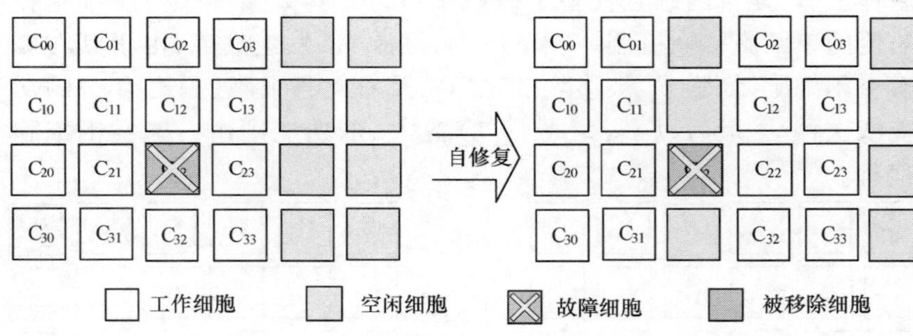

图 3.23　列移除机制

该机制有一个很明显的缺点:只要有一处故障发生,阵列就会失去整个一列细胞,资源利用率低。列移除策略对空闲资源的使用远不是最理想的,但这种重构机制实现简单,自修复速度快,对实时系统很有利,并且随着阵列的增大,因重构而损失的细胞的百分比大大减小。此外,这种重构机制可自修复的可重构次数理论上不受限制,重要空闲细胞的数量足够多(次数等于空闲细胞列数)。

3.4.3 细胞移除机制

单细胞移除机制和列移除机制相互比较:单细胞移除效率高,但实现复杂;而行移除机制实现简单。对这两者进行折中与组合,产生混合细胞移除机制，简称为细胞移除机制。图3.24给出了细胞移除机制的基本过程：先进行单细胞移除，然后采用行移除。假定某时刻，当细胞C_{22}发生故障后(图3.24(a))，由于阵列第2行右侧还有空闲细胞，所以采用单细胞移除机制，移除后的结果如图3.24(b)所示；当修复后的阵列中的细胞C_{22}再次故障(图3.24(c))，故障细胞所在的第2行已经无空闲细胞，于是启用行移除机制，实现自修复，如图3.24(d)所示。

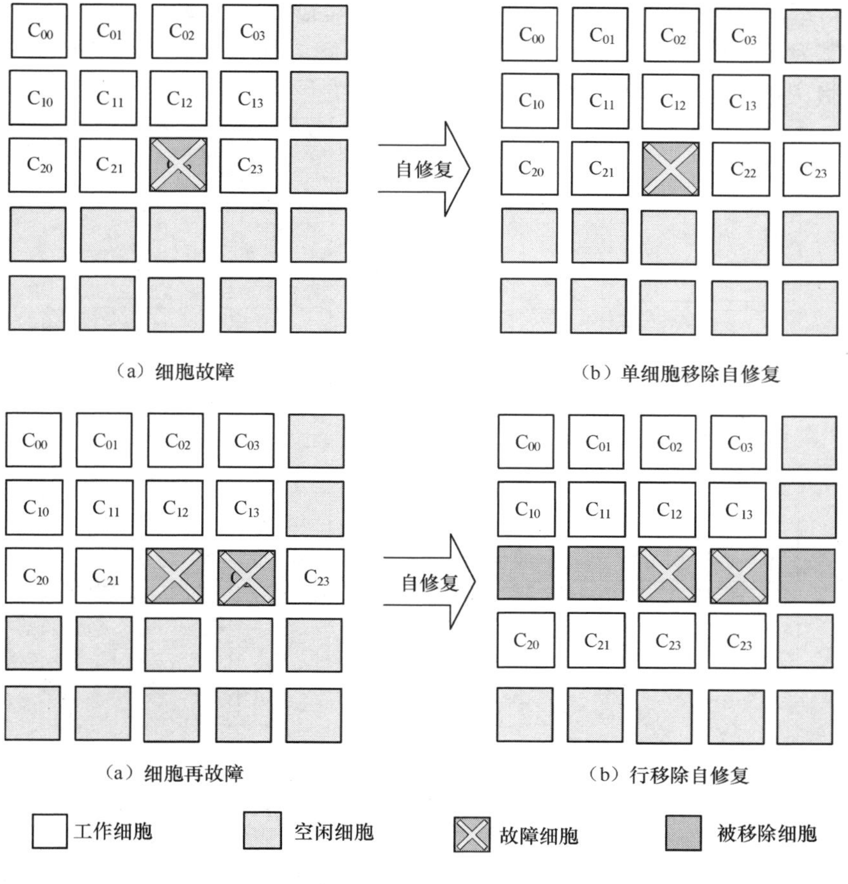

图3.24　细胞移除机制

3.4.4 Szasz 移除机制

和上面几种移除机制不同,Szasz 等提出了一种新的自修复方式[79-82],其基本原理如图 3.25 所示。这种修复方式的阵列基本拓扑结构是二维均匀分布形式,将 9 个细胞组成一个组(Macro Group),这可以等效于真核仿生层次中的组织层次。这 9 个细胞构成一个 3×3 的矩阵,其中 5 个细胞处于工作状态,位于 3×3 矩阵的 4 个角落和正中间,剩余的 4 个空闲细胞用于备份,如图 3.25(a)所示,无色的为工作细胞,浅灰色的为空闲备份细胞。这组细胞中,每个细胞包含有 5 个基因,记为 A、B、C、D、E,5 个工作细胞分别解录其中一个基因来配置细胞,图中以加粗并加下划线的方式标出,如左上角的细胞利用基因 A。

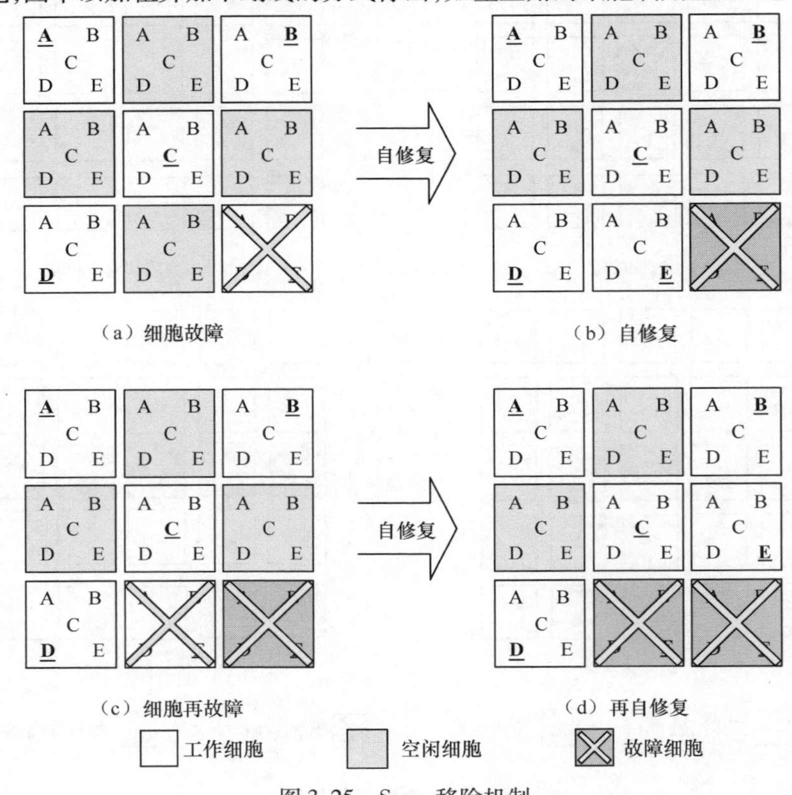

(a) 细胞故障　(b) 自修复　(c) 细胞再故障　(d) 再自修复

图 3.25　Szasz 移除机制

这种结构中，如果某细胞出现故障，则至少有两个细胞可以方便地代替它的功能，而不用大规模地改变整个阵列的布线连接。如果 4 个角上的细胞出现故障，则与它相邻的两个细胞可以完成其功能，如果是中间的细胞故障，则 4 个空闲细胞都可以替代它。图 3.25 给出了右下角细胞出现故障的修复过程：当右下角细胞出现故障时（图 3.25（a）），细胞被移除，其左侧的空闲细胞解录基因 E 替代完成它的功能（图 3.25（b）），当替代故障细胞的原空闲细胞又出现故障后（图 3.25（c）），原故障细胞上方的细胞替代完成其功能（图 3.25（d）），从而保持这组细胞的整体功能。

3.4.5　Lala 移除机制

上面介绍的各种自修复方法，所使用的阵列中，细胞的结构都是一样的，即使用了相同的细胞。而 Lala 等则提出了一种由不同细胞构成的细胞阵列，并给出了其自修复机制[63, 83]。这种细胞阵列中，细胞不再是完全相同，有完成阵列逻辑功能的功能细胞，还有专门的布线细胞，其结构如图 3.26 所示。阵列中，细胞分为 3 类：功能细胞（Functional Cell）、空闲细胞（Spare Cell）和布线细胞（Router Cell）。功能细胞的分布结构类似 Szasz 等提出的结构的扩展，功能细胞的右上、左上、左下、右下 4 个方向相邻的细胞均为功能细胞，但是其上、下、左、右相邻的 4 个细胞并不全是空闲细胞，其中只有两个为空闲备份细胞，另外两个为布线细胞。

这种结构中，每个功能细胞都有两个空闲细胞与它相连，可以在故障时替换故障功能细胞。图 3.26 给出了细胞故障的重构过程。假定图中正中间的功能细胞出现故障（图 3.26（a）），其下方的空闲细胞替代它（图 3.26（b）），当替代它的细胞再次故障（图 3.26（c）），则由上方的细胞代替它（图 3.26（d））。

3.4.6　复合移除机制

Greensted 等基于内分泌系统，提出了一种细胞阵列[40, 84]。这种阵列包含多种功能细胞和工作细胞，每一种细胞在一起，形成一个组织，然后利用空闲细胞将各个组织连接到一起。图 3.27 给出了一个简

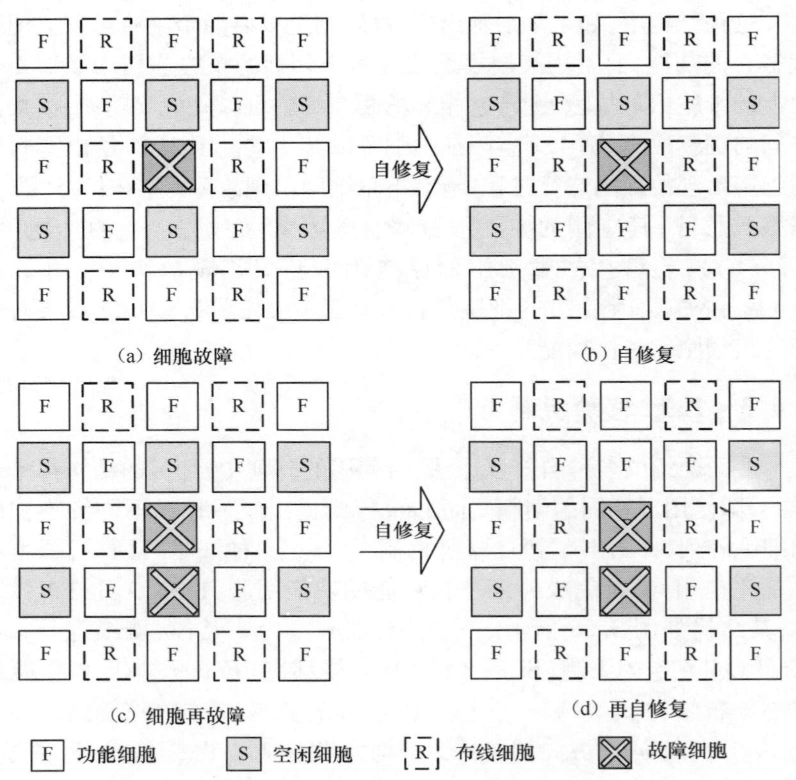

图 3.26　Lala 移除机制

单的例子:图中包含 4 种功能细胞 A、B、C、D,同种细胞在一起形成组织 A、B、C、D,然后再利用空闲细胞 S 将组织 A、B、C、D 连接在一起,形成整个仿生硬件。

针对在这种结构中,文献[84]中并没有限制每个组织的自修复方式,换言之,各个组织可以使用 3.4.1 ~ 3.4.5 小节中提到的各种自修复方式。

3.4.7　自修复机制的可靠性分析

仿生自修复硬件的可靠性分析是仿生自修复技术的一个难点,还没有发现很好的研究成果。文献[85, 86]利用 k − out − of − m 模型对

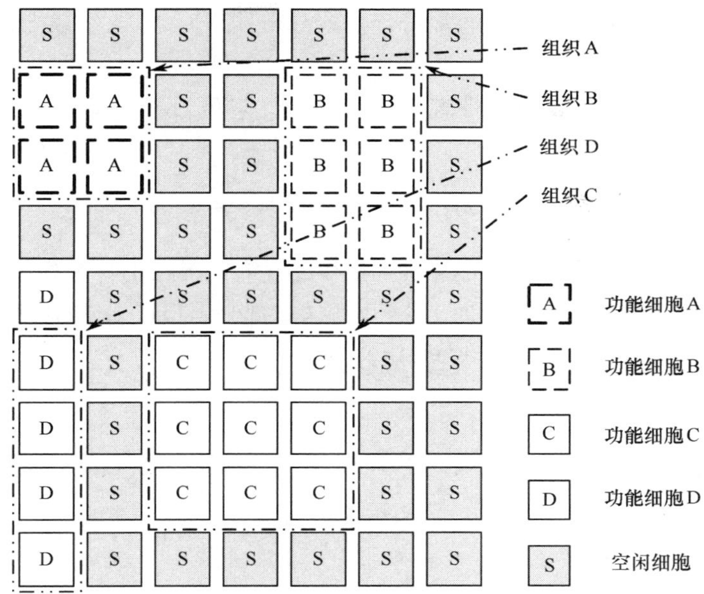

图3.27　复合移除机制

单细胞移除机制和行移除机制进行了简要分析,这里做简单地介绍。

1. k - out - of - m 模型

许多情况下,如果 m 个单元中的 k 个能正常运行,就认为系统正常运行。如果每个单元都相同,并且每个单元的成功率是 p,那么 m 中的 k 个单元正常工作的概率可由二项式分布表示:

$$P(k,m,p)=B(k,m,p)=\binom{m}{k}p^{k}(1-p)^{m-k} \tag{3.5}$$

通常情况下,只要有 $k,k+1,\cdots,m-1$ 或 m 个单元正常工作,系统就正常工作。因此,系统正常工作的概率就是所有可能的成功配置的和:

$$R=\sum_{i=k}^{m}B(i,m,p)=\sum_{i=k}^{m}\binom{m}{i}p^{i}(1-p)^{m-i} \tag{3.6}$$

成功率 p 是时间的函数 $p(t)$,于是,得到可靠性关于时间的函数可表示为

$$R(t)=\sum_{i=k}^{m}B(i,m,p(t))=\sum_{i=k}^{m}\binom{m}{i}p^{i}(t)(1-p(t))^{m-i} \tag{3.7}$$

在电子系统 m 中，p 通常符合指数分布，即

$$p(t) = e^{-\lambda t} \tag{3.8}$$

式中：λ 是失效率常数。将式(3.8)代入式(3.7)，得 $k-\text{out}-\text{of}-m$ 配置的系统可靠性为

$$R_{k-\text{out}-\text{of}-m}(t) = \sum_{i=k}^{m} \binom{m}{i} e^{-i\lambda t}(1 - e^{-\lambda t})^{m-i} \tag{3.9}$$

式(3.9)给出了 $k-\text{out}-\text{of}-m$ 系统在时间 t 内正常工作的概率。然而，在评估系统可靠性时，用平均故障时间(MTTF)来描述更有效。MTTF 是系统出错的平均时间，定义为

$$\text{MTTF} = \int_0^{\infty} R_s(t)\,\mathrm{d}t \tag{3.10}$$

将公式(3.9)代入式(3.10)可以得到系统的平均无故障时间为

$$\begin{aligned}\text{MTTF}_{k-\text{out}-\text{of}-m} &= \int_0^{\infty} \sum_{i=k}^{m} \binom{m}{i} e^{-i\lambda t}(1 - e^{-\lambda t})^{m-i}\mathrm{d}t \\ &= \frac{1}{\lambda}\sum_{i=k}^{m} \frac{1}{i}\end{aligned} \tag{3.11}$$

2. 可靠性分析

在仿生细胞阵列里，细胞一般具有相同的结构。从式(3.8)、式(3.11)易知，为了提高可靠性，总是期望 λ 的值尽可能的小，即仿生细胞应该是简单的。但是，细胞应该具有一定的通用逻辑功能，且需要支持分布式自检测和移除重构，这又必然要求细胞比较复杂，且具有一定的通用性。所以，一般来讲，需要在通用性和简单性间寻找一个平衡[44]：复杂细胞能完成更多、更好的检错任务，但是失败率太高；简单细胞的平均故障时间虽然很长，但是它们的检错和处理能力被限制了。

下面对 3.4.1~3.4.3 小节中提出的几种移除机制进行简要分析。假定阵列细胞数量为 $n \times m$，为了能处于良好的工作状态，至少要求一个 $r \times k$ 的子阵列正常工作。

1）行移除机制

行移除策略是某个细胞出错，将整行的细胞移除。在可靠性分析

时，将一行的细胞串联起来分析。那么，一行的可靠性就是行里所有细胞分散可靠性的乘积，即

$$R_{rr}(t) = \prod_{i=1}^{m} p_i(t) = \prod_{i=1}^{m} \mathrm{e}^{-\lambda t} = \mathrm{e}^{-m\lambda t} \tag{3.12}$$

式(3.12)表示了 m 个可靠性相同的单元串联在一起的可靠性，相当于一个失效率为 $m\lambda$ 的单元。相应地，m 个单元串联在一起的平均无故障时间 MTTF 为

$$\mathrm{MTTF_s} = \frac{1}{m\lambda} \tag{3.13}$$

确定每一行的可靠性后，将阵列看成一个 r - out - of - n 系统，r 是工作细胞的行数，n 是总行数。可以得到整个阵列的可靠性为

$$\begin{aligned} R_r(t) &= \sum_{i=r}^{n} B(i,n,R_{rr}(t)) \\ &= \sum_{i=r}^{n} \binom{n}{i} \mathrm{e}^{-im\lambda t}(t)(1-\mathrm{e}^{-m\lambda t})^{n-i} \end{aligned} \tag{3.14}$$

尽管这种方法仅因为一个细胞出错却浪费了许多好的细胞，但因为它的实现算法非常简单，硬件实现也就相对容易，而硬件越简单失败率也就越低，所以可靠性越高。

2）单细胞移除机制

单细胞移除机制是细胞出现故障后，由右侧细胞替代完成其功能。以图 3.22 所示结构为例，其中每一行就是一个 k - out - of - m 系统。其可靠性如公式

$$R_{sr}(t) = \sum_{i=k}^{m} \binom{m}{i} \mathrm{e}^{-i\lambda t}(1-\mathrm{e}^{-\lambda t})^{m-i} \tag{3.15}$$

整个阵列每行都要正常工作，总体的可靠性为

$$R_s(t) = \prod_{i=1}^{n} R_{sr}(t) = R_{sr}^{n}(t) \tag{3.16}$$

3）细胞移除机制

细胞移除机制中每一行的可靠性如式(3.15)，对整个阵列，以行为一个子系统，它又是一个 r - out - of - n 系统，其可靠性为

$$R_c = \sum_{i=r}^{n} B(i,n,R_{sr}(t)) \sum_{i=r}^{n} \binom{n}{i} R_{sr}^{i}(1 - R_{sr}(t))^{n-i} \quad (3.17)$$

式中：$R_{sr}(t)$由式(3.15)确定。

这种方法备用细胞的利用率提高了，但是要增加一些重新分布数据所需的额外逻辑，增加了细胞的复杂性，相应的失效率 λ 也增大了。

3.5 仿生自修复硬件的实现方法

上面几节对仿生自修复硬件的一些基本原理进行了分析与介绍，本节介绍仿生自修复硬件的实现方法。从目前的研究情况看，仿生自修复硬件的实现主要是设计专门的 ASIC 芯片和基于可编程器件的实现。

3.5.1 专用芯片的实现

仿生自修复硬件是借用生物学的基本原理，是一种具有特殊结构的硬件电路，本质上还是硬件电路。和其他硬件电路一样，仿生自修复硬件可以通过设计专门的集成电路来实现。目前，专用的仿生自修复硬件有 POEtic 工程开发的 POEtic 电路[22, 67, 87, 88]和 PerPlexus 工程开发的 Ubichip[47, 89]等。

1. POEtic 电路

POEtic 电路是 POEtic 工程的一项硬件成果。它的目标是希望能够自修复由使用年限或者环境因素等引起的部分损坏，以保持原有功能。

POEtic 电路由两部分组成：电路实现逻辑功能的组织子系统（Organic SubSystem，OSS）和环境子系统（Environmental SubSystem，ESS）。在 OSS 的核心是 POEtic tissue，它由网状的小分子和分子布线层组成。分子是能够用软件配置的最小的可编程单元，而专门的布线资源则负责分子之间的通信。ESS 的主要作用是配置分子，它也负责进化过程，它能够读取并改变分子的状态，以评估整个组织的适应性。

在仿生机器研究领域非常需要新型的硬件底层，因为传统的电路不适合所有生物体的主要特征：灵活性和实例化。没有哪种仿生结构是不变的，因而要求仿生硬件要具有灵活性和能够实例化以适应特定的应用。POEtic tissue 就是这样一个可重构电路，它特别适合于实现仿生细胞系统。

POEtic tissue 的主要特征如下：

(1) 由二维细胞阵列组成，每个细胞（POEtic 细胞）是一个完全可重配置的小处理单元，POEtic 细胞根据应用实例化。

(2) 包含一个关注进化过程片上微处理器（μ - Processor），它是一个常见的 32 位精简指令集计算机，可以进行随机数生成操作。

(3) POEtic 细胞基于分子结构实现。该分子结构具有足够的灵活性以实现需要的数字电路，但是针对实现仿生系统进行了专门的设计与优化。

(4) 该组织能够自配置，用于系统的增长和自复制。

(5) 用于内部细胞通信的自动布线机制，允许在细胞阵列运行时改变连接。

(6) 使用分子层次的专用结构，细胞层次的自修复很容易实现。

每个 POEtic 细胞包含整个组织的全部基因（执行其功能的全部信息），但是根据其位置只表达部分基因。基于仿生的 P、O、E 3 个方向（Axis），POEtic 细胞被设计为 3 层结构。

(1) 种群方向（Phylogenetic Axis），作用于细胞的遗传物质。它在基因型层（Genotype Layer）寻找和选择细胞的基因，它主要是一个包含整个生物体遗传信息的存储器。

(2) 个体发育方向（Ontogenetic Axis），关注单个个体的发育。细胞的布线层（Mapping Layer）或者配置层（Configuration Layer），实现细胞的分化和增长。此外，它将系统作为一个整体进行自修复。配置层选择基因的表达，取决于用户定义的分化算法。

(3) 后天学习方向（Epigenetic Axis），在生物体运行过程中修改其行为，最适合应用于显型层（Phenotype Layer），它由最终的应用决定。如最后的应用是神经网络，细胞的显型层将包含人工神经元。顺便提一下，神经网络也是 POEtic 工程关注的一个重点。

2. Ubichip

Ubichip 是 PerPlexus 工程开发的一款专用仿生自修复硬件，是一个允许实现具有动态拓扑结构的复杂系统的可重构数字电路。它具有合适的动态可重构粒度,可以通过接口从外部方便地修改其内部结构。不仅如此,嵌入式自重构机制也可以内部自动分布式地修改其结构。动态布线允许 Ubichip 在运行过程中创建或者断开连接。

和 POEtic tissue 一样,Ubichip 也具有二维均匀分布结构,每个节点称为一个宏细胞(Macrocell)。一个宏细胞包含一个自复制单元(Self-Replication unit,SR unit)、一个动态布线单元(Dynamic Routing unit,DR unit)和 4 个 ubi 细胞(Ubicells),图 3.28[47] 描述了一个宏细胞的整体结构。Ubichip 包含 3 个层次:Ubicell 阵列层、自复制层和动态布线层。下面分别简要介绍各个层的功能。

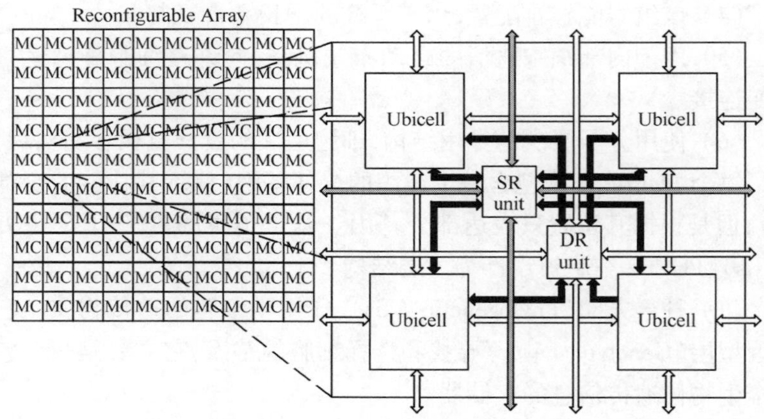

图 3.28　宏细胞整体结构

1) Ubicell 阵列层

Ubicell 是 Ubichip 的基本计算单元,包含 4 输入 LUTs 和 4 个触发器,Ubicell 具有两种基本的操作模式:基本模式(Native Mode)和 SIMD (Single Instruction Multiple Data)模式。

在基本模式中,Ubicell 能够配置为计数器、FSM、移位寄存器、4 个独立的寄存器和 LUT、加法器等传统的工作模式,还能够配置为 64 位 LFSR 模式。在 LFSR 模式中,存储 4 个 4-LUT 的 64 位配置寄存器用作伪随机数生成器,这在复杂系统中特别有用。这个新的特点在复杂系统建模中,能够以很低的资源消耗实现可重构计算方面的概率函数或者伪随机事件触发。这个模式在个体发育神经网络[48]、进化游戏[42]等模型中得到应用。

在 SIMD 模式中,Ubicell 层能够配置成处理矩阵,用于矢量的并行计算。在该模式中,每个 Ubicell 被配置为 4 位处理器,4 个 Ubicell 在一起构成 16 位处理器。一个集中定序器能够读取程序,并送入并行计算单元执行。该配置模式在神经网络和文化传播模型等复杂系统建模中应用[48]。

2) 自复制层

基于自复制层,宏细胞能够获取、改写相邻宏细胞的配置信息(配置位串,Bit - string)。通过这种方式:一方面,一个宏细胞能够读取相邻宏细胞的配置信息,修改它,再重新注入以修改该宏细胞的功能;另一方面,宏细胞可以获取相邻宏细胞的配置信息,并将它写入另一个相邻宏细胞,这个过程称为复制(Replication)。

图 3.29 给出了 Ubicell 复制原理。考虑初始化两个相邻宏细胞 A_0 和 B_0 的情形。让 A_0 读取 B_0 的配置信息,并用来配置另一个宏细胞 B_1;然后 B_0 执行同样多个操作,读取 A_0 的信息并配置生成 A_1。如果将组合体[AB]看作一个细胞,则通过上述过程,细胞[A_0B_0]完成了复制,生成了细胞[A_1B_1],这就是 Ubichip 的自复制(Self - Replication)过程。

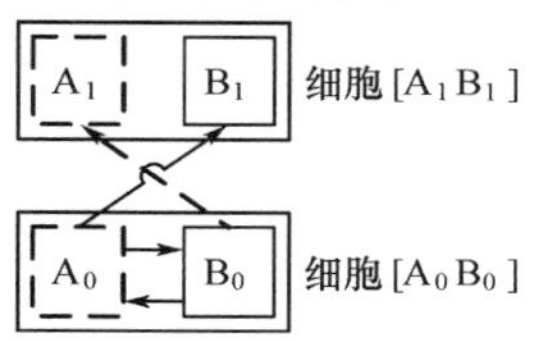

图 3.29　Ubicell 复制原理

一个宏细胞的功能有限,因而复制一个宏细胞实际意义并不大。为了解决这个问题,提出了 THESEUS 机制(THeseus-inspired Embedded SElf-replication Using SElf-reconfiguration)。THESEUS 机制包含一系列编译标记,它允许复制由多个宏细胞组成的较大的功能模块。通过这种方式,宏细胞能够获取相邻细胞的配置信息,还能够获取由编译标记表示的预先给定的一组宏细胞的配置信息。

3）动态布线层

实际的复杂系统经常改变其拓扑结构。大脑、生态系统、社会网络就是一些例子，在其中，神经、种群和人经常改变其内部结构。在硬件上实现这种动态拓扑结构的系统，动态布线提供了一种解决方案。

动态布线层完成细胞之间的动态拓扑连接[42]。基于复杂理论，可以通过连通和断开图的边来表示。完成动态布线的动态布线算法的基本思想是：利用动态配置的多路选择器在源和目标之间建立连接通道，并使每对源和目标的数据通过相同的路径。路径生成阶段，通过 Breath – first 搜索离散算法寻找最短路径[90, 91]。

可重构电路布线矩阵资源消耗较高，实现动态布线的消耗则更大。该动态布线算法减少了资源开销，同时保持了拓扑结构改变的灵活性，这是 Ubichip 相对于 POEtic tissue 的重要改进。该布线算法的布线拥堵的风险被降低，基于以下几点：①新算法将重新使用已经存在的路径；②与周围 8 个细胞相连的摩尔结构替代与周围 4 个细胞相连的冯·诺依曼结构，在降低布线拥堵的同时，增加了资源消耗；③允许断开路径，以移除没用的连接并再重新使用。

3.5.2 基于可编程逻辑器件的实现

仿生自修复硬件的另一种常见实现方式是基于可编程逻辑器件，主要是基于 FPGA 实现。本小节首先对可编程逻辑器件和 FPGA 进行简要介绍，然后分析基于可编程逻辑器件特别是基于 FPGA 的仿生自修复硬件的实现，并介绍其与基于专用芯片实现的关系。

1. 可编程逻辑器件概述[70]

可编程逻辑器件（Programmable Logic Device，PLD）起源于 20 世纪 70 年代，是在专用集成电路基础上发展起来的一种新型逻辑器件，是当今数字系统设计的主要硬件平台。它完全由用户通过软件进行配置和编程，从而完成某种特定功能，且一般可以反复擦写。升级 PLD 不需要额外的 PCB 电路板，只需要在计算机上修改和更新程序，使硬件设计工作转化为软件设计工作，缩短设计周期，提高设计效率，降低设计成本，受到工程师们的青睐。

常见的PLD有可编程只读存储器(Programmable Read Only Memory,PROM)、现场可编程逻辑阵列(Field Programmable Logic Array,FPLA)、通用阵列逻辑(Genetic Array Logic,GAL)、复杂可编程逻辑器件(Complex Programmable Logic Device,CPLD)、现场可编程门阵列(Field Programmable Gate Array,FPGA)等。按照编程工艺,可编程逻辑器件一般分为4类,即熔丝(Fuse)和发熔丝(Antifuse)编程器件、可擦除的可编程只读存储器(UEPROM)编程器件、电信号可擦除的可编程只读存储器(EEPROM)编程器件和静态RAM(SRAM)编程器件(如FPGA)。前3类掉电后不会丢失数据,属于非易失性器件,第4类掉电后配置数据将丢失,属于易失性器件。目前使用较多的是CPLD和FPGA。

2. FPGA简介

FPGA是在PAL、GAL、EPLD、CPLD等可编程器件的基础上发展起来的,它作为一种半制定电路而出现,解决了定制电路的不足,又克服了原有可编程电路门电路有限的缺点[70]。主要FPGA设计和生产厂家有Xilinx、Altera、Lattice、Actel、Atmel、QuickLogic等。

由于FPGA需要反复烧写,它实现组合逻辑的基本结构不能够像ASIC那样通过固定与非门来实现,需要一种易于反复配置的结构,查找表(Look - Up Table,LUT)可以很好地满足这一要求。目前主流FPGA都采用了基于SRAM工艺的查找表结构,具有很高的集成度,其器件密度从数万门到数千万门不等,可以完成极其复杂的逻辑电路功能,在数字电路领域得到了广泛的应用。其组成部分主要有可编程输入输出单元(IOB)、可配置逻辑块(CLB)、嵌入式块RAM(BRAM)、数字时钟处理模块(DCM)、丰富的布线资源等;FPGA内一般还包含一些底层内嵌功能单元(常称为软核),如内嵌的DSP单元、CPU单元;较新型的FPGA一般还包括专用的硬核,如DSP硬核(如Xilinx的DSP48E)、CPU内核(如Xilinx的Power PC)、高速收发器(Xilinx的MGT)等[70]。

基于SRAM工艺的FPGA,由存放在片内RAM中的程序来设置其工作状态,掉电后FPGA恢复为白片,内部逻辑消失。因此,对FPGA的配置实质是对FPGA内部片内RAM的配置。在实际工程中,一般外接一个存储器,上电时,将存储器中的配置数据复制到FPGA内部

RAM 完成 FPGA 的配置。这样,FPGA 不仅能反复使用,还无需专门的 FPGA 编程器,只需对通用的存储器(如 EPROM、PROM)编程即可。FPGA 一般具有多种配置模式,如基于 JTAG、SPI 或 Select - map 接口,用户可以根据不同的情况灵活选择配置模式。

3. 基于 FPGA 实现仿生硬件

FPGA 以其良好的可编程重构能力、强大的逻辑功能,得到了广泛的应用。在仿生自修复硬件的设计阶段,一般采用 FPGA 来实现所设计的结构,对设计进行仿真验证。在不批量生产时,ASIC 制作成本较高。特别是在设计初期,有关的设计可能不够成熟,制作仿生自修复 ASIC 昂贵的成本使设计存在较大的风险。因而在仿生自修复硬件的设计中,一般常用 FPGA 来实现[79, 80, 92, 93],即仿生自修复硬件的基于 FPGA 实现。

尽管仿生自修复硬件可以利用且一般也用 FPGA 来实现,但它与用 FPGA 实现其他电路不同。本质上,仿生自修复硬件与 FPGA 在电路领域属于并列的位置。FPGA 本质上是可编程重构的硬件电路。而仿生自修复硬件,一般都具有动态布线的功能,即它的逻辑功能可以通过"基因"(配置信息)的"解录"(译码表达)来控制,本质上仍然是可编程(修改基因)重构的硬件电路。因而两者是相同的。但是,在部分文献中,却把基于 FPGA 的仿生自修复硬件作为一种新的 FPGA 设计方法[4, 20, 94]。

总的来讲,由于 FPGA 设计灵活、成本较低,它在仿生自修复硬件设计的初级阶段,得到了很多的应用。但是,由于仿生自修复硬件有其自己的结构特点,某些特点在 FPGA 上实现效率比较低,随着仿生自修复技术的不断成熟,仿生自修复硬件设计的不断完善,使用专用的芯片来实现仿生硬件,即设计专用仿生自修复芯片,也是必然的趋势。

3.6 本章小结

本章主要介绍了仿生自修复硬件的基本原理。介绍了真核、原核、内分泌 3 种常见的仿生自修复模型,及其各自的特点;介绍了网状结构、总线结构以及它们相互融合构成的复合结构等仿生自修复硬件的基本体系结构；对仿生自修复硬件的多模冗余、关键信息编码、对称检测及细胞互检等故障检测方法的基本原理进行了分析与说明；对仿生自修复硬件的多种自修复机制进行了讨论，并对几种常见自修复机制的可靠性进行了分析。本章最后，简要介绍了仿生自修复硬件的 ASIC 实现和基于 FPGA 实现，并进行了对比分析。

第4章　仿生自修复硬件的基本结构

仿生自修复硬件电路的实现结构是在不断的改进中,目前还没有一个比较完美的实现结构。本章主要从仿生电子阵列结构、功能模块结构、输入输出模块结构等方面,对几种常见的基本结构进行简要介绍,希望能够给读者提供一些比较直观的认识,也希望能够起到抛砖引玉的作用。

4.1　仿生电子阵列结构

4.1.1　真核仿生阵列结构

1. 常见结构

真核仿生阵列,即胚胎电子阵列,借用分子生物学概念,汲取多细胞生物体的胚胎发育过程的灵感,使得硬件电路也能具有类似于多生物体的自检测、自修复能力。生物体的自修复建立在非常复杂的多细胞立体结构上,但是,由于芯片技术和电子元件的限制,目前胚胎型仿生硬件研究仅限于二维结构。

Mange 等最早对仿生电子阵列进行了研究,图 4.1 所示为 Mange 等早期给出的胚胎电子阵列的结构,图 4.2 给出了其细胞的基本结构[20]。

从结构上看,胚胎电子阵列是由阵列细胞组成的均匀二维阵列,每个细胞的硬件结构完全相同,通过冯・诺依曼近邻连接形成二维阵列。胚胎电子阵列中,每个细胞由地址模块、配置存储模块、功能模块、输入输出模块和控制模块等构成。

从功能上看,阵列中的细胞分化为不同的子功能,通过组网实现阵

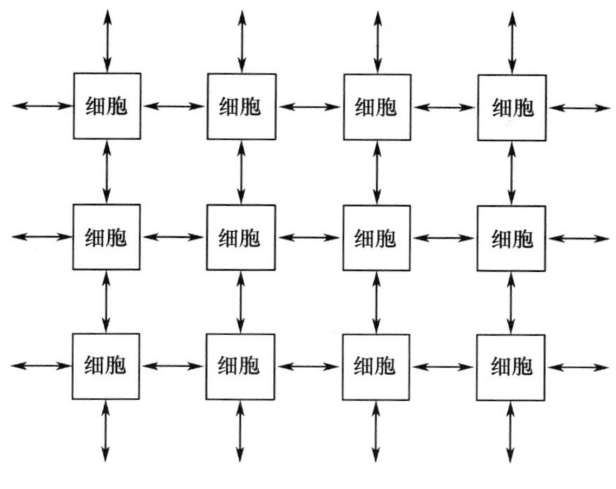

图4.1　胚胎电子阵列基本结构

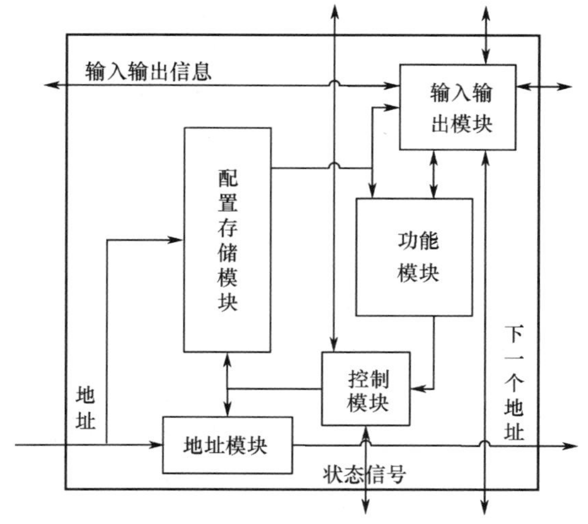

图4.2　胚胎细胞基本结构

列总功能。在细胞内部,配置模块模拟生物 DNA,存储配置阵列的所有配置信息,常简称为基因。地址模块实现生物细胞唯一环境的模拟,整个阵列的地址模块相互协作,控制整个阵列各个细胞的地址。地址控制细胞的功能分化,即根据细胞地址,选择配置模块中的基因,得到细胞的配置信息,配置功能模块和输入输出模块,实现细胞的功能分化。整个阵列需要实现的逻辑功能,利用一定的方法分解为每个细胞能够实现的子功能,在每个细胞的功能单元实现。各功能单元实现的子功能利用输入输出模块连接,组成网络。当细胞出现故障时,控制模块发出控制信号,触发阵列重构,进而维持阵列功能。

2. POEtic tissue 结构

在 POE 工程中,其设计的仿生自修复阵列称为 POEtic tissue。POEtic tissue 的结构与图 4.1 所示的胚胎电子阵列的基本结构相同,但是除了冯·诺依曼近邻连接外,还将 4 个细胞构成一个小组,每个小组拥有一个布线模块,这些布线模块又按照冯·诺依曼近邻连接组成网络,如图 4.3 所示,图中“R”表示布线模块。

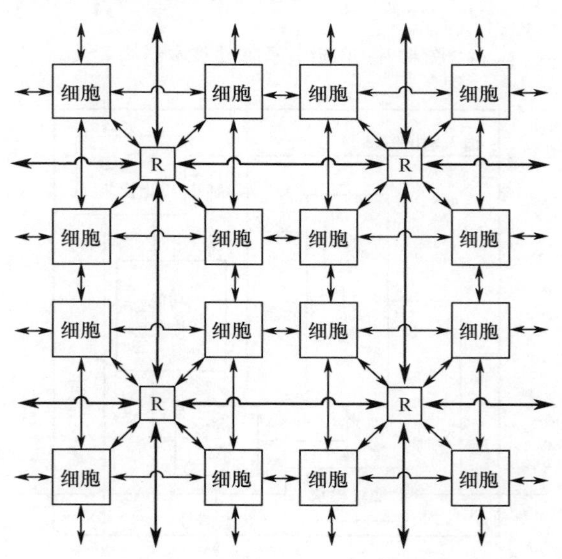

图 4.3 POEtic tissue 阵列结构

POEtic tissue 的细胞结构与图 4.2 所示结构基本相同,如图 4.4 所示。其工作原理也与之相似:地址模块控制地址,细胞的配置模块受地址控制,根据地址选择基因,基因解码后配置功能模块和输入输出单元。功能模块的数据来源除了输入输出模块外,还可以是布线模块。同样,其输出信号也可以连接到输入输出模块或者布线模块。

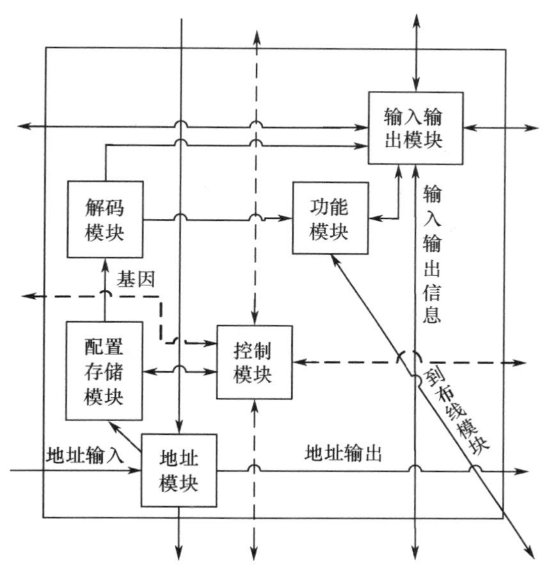

图 4.4　POEtic tissue 细胞结构

在该细胞结构中,细胞阵列的配置模块通过菊花链的结构全部串联在一起,如图 4.5 所示,这样无论细胞阵列的规模如何,都可以使用相同的接口。在 POEtic chip 中就使用了一个微处理器(μ – Processor),通过连接到细胞配置模块链路的输入输出,来配置整个细胞阵列。在 POE 工程中,该微处理器还用来进化该阵列,将该阵列作为进化硬件的载体:随机生成阵列的配置信息(基因),产生细胞的变异,并评估细胞变异后的适应性,以实现 POEtic tissue 的进化。该处理器与细胞基因组以及该链路共同构成了 3.5.1 小节中提到的基因型层。其中地址模块控制地址,进而控制基因的选择,这部分则对应 3.5.1 小节中提到的配置(布线)层。基因控制功能单元的功能,以及输入输出模块、布线模块完成各个功能单元的连接,则构成了其中的表现型层。

3. Ubichip 结构

在 Ubichip 中,细胞的阵列结构与图 4.3 所示的 POEtic tissue 的结构基本相同,其结构在 3.5.1 小节的图 4.28 中已经给出。细胞(Ubicell)之间通过冯·诺依曼近邻关系连接,每 4 个细胞组成一个宏细胞

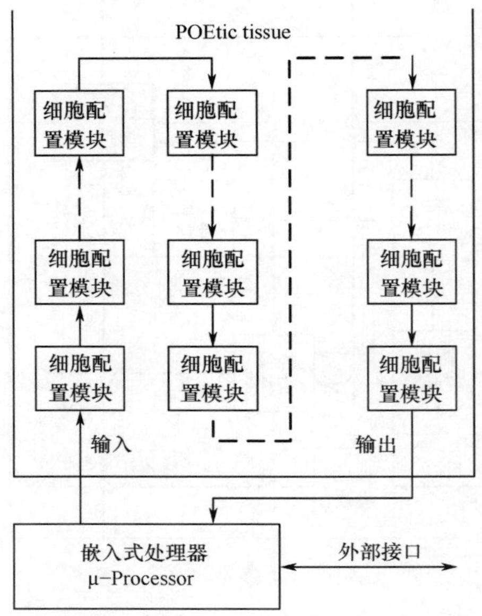

图 4.5　POEtic tissue 细胞阵列配置模块连接

(Microcell),每个宏细胞除了包含 4 个细胞外,还包含一个动态布线(Dynamic Routing,DR)单元和一个自复制(Self - Replication,SR)单元。其中,动态单元的拓扑结构与 POEtic tissue 中布线模块的结构相同,与宏细胞中的 4 个细胞相连,而动态布线单元则与周围的 8 个宏细胞的动态布线单元相连,如图 4.6 所示。

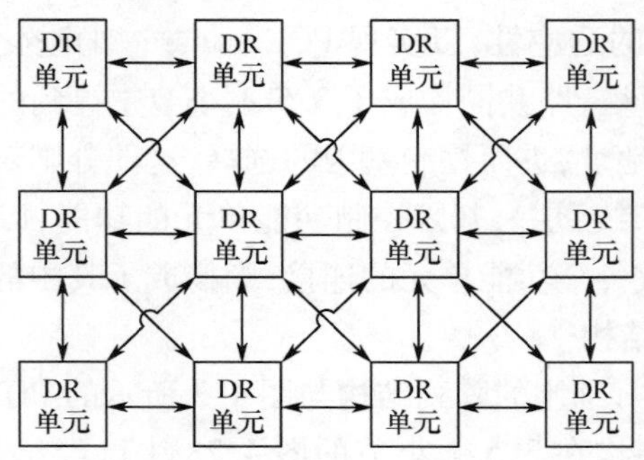

图 4.6　Ubichip 细胞阵列结构

4.1.2　原核仿生阵列结构

1. 链状原核阵列

细菌的结构比较简单,但也能够相互合作,形成群落。文献[95]对原核仿生自修复技术进行了研究,提出了带总线的链状结构的原核仿生阵列,其结构如图4.7所示。

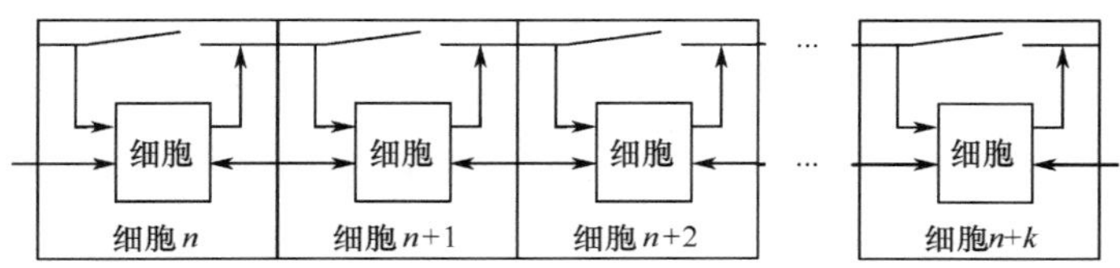

图4.7　带总线链状原核仿生阵列

图4.7所述阵列的原核仿生细胞结构如图4.8所示,它包括配置模块、功能模块、布线资源、自检模块和控制模块等。和图4.2所述真核仿生细胞相比,少了地址模块。自检模块其实在真核仿生细胞的结构中也有,只是由于它属于自修复的范围,不属于实现阵列逻辑功能的结构,因此在讲结构的时候一般不将其画出,有的也将其直接归到控制模块里,因为故障自检测是自修复重构控制的基础。

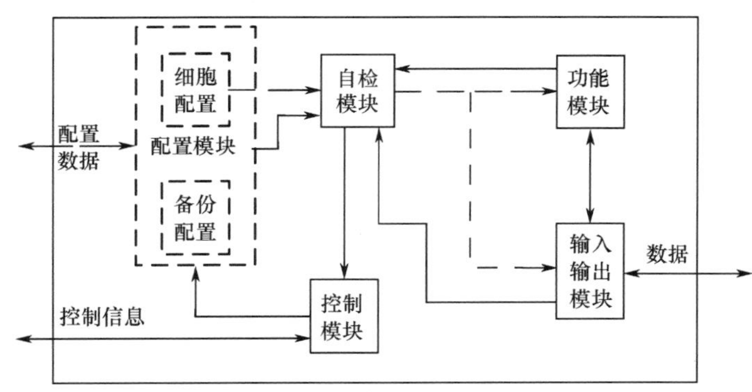

图4.8　原核仿生细胞基本结构

这种结构中,配置模块可以在控制模块的控制下与其相邻细胞进行配置信息交换,配置模块输出配置信息,经过自检模块自检纠错后用于配置功能单元和布线资源。功能单元实现阵列细胞的逻辑功能，通过布线资源与其他细胞进行数据交换。同时自检模块还对功能单元和布线资源进行检测，将检测的结果送给控制模块。控制模块根据自检结果和周围细胞的控制信息，控制配置模块与周围细胞进行配置信息交换，同时生成控制信息输出到相邻细胞。

2. Samie 结构

西英格兰大学的 Samie 等设计的原核仿生阵列结构如图 4.9[78] 所示。阵列由两种不同的细胞构成，即内核细胞（Core Cell，CC）和外围细胞（Peripheral Cell，PC）。内核细胞实现阵列所要实现的逻辑功能，因此也称为功能细胞。功能细胞通过带总线的链状结构组成网络，总线一般分为多个小组，以小组为单位进行管理。外围细胞则管理整个阵列的输入输出信息，负责内核阵列与外部的信息交换，也称为 IO 细胞。所有的外围细胞直接连到外围总线（Peripheral Bus，PB）上，外围总线也称为主总线（Main Bus）。内核细胞构成的链状阵列的两端连接到外围总线上。

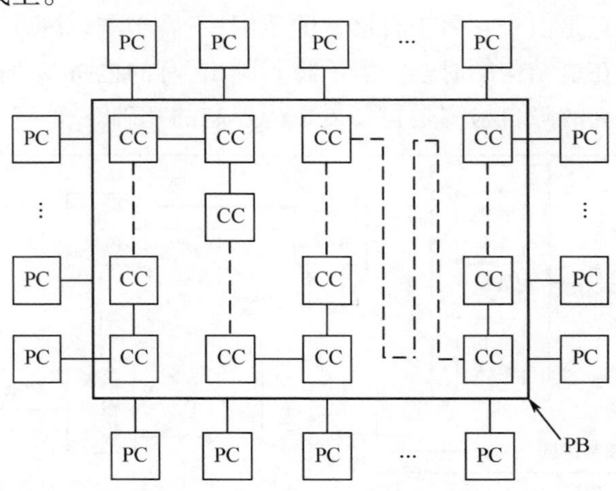

图 4.9　Samie 等原核阵列结构

内核细胞的结构如图 4.10 所示，其主要由配置存储模块、功能单元、连接单元、总线配置单元及控制模块等构成。配置存储模块存储整个细胞的基因，用于配置功能单元、输入输出单元和总线控制器，决定

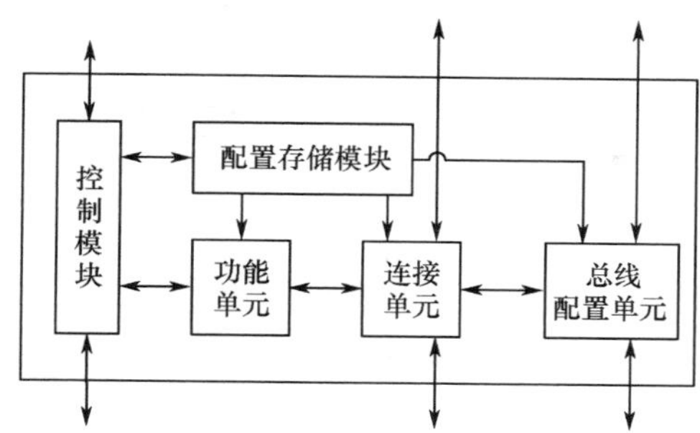

图4.10　内核细胞的结构

了细胞实现什么功能、细胞与其他细胞的连接关系以及出现故障后怎样实现自修复。功能单元的作用与真核作用相同,实现特定的逻辑功能。输入输出单元和总线控制器分别控制局部近邻连接和总线的布线连接,实现各个功能单元的连接。控制模块则完成故障检测,管理完成自修复重构等操作。

外围细胞的结构相对内核细胞则比较简单。由于外围细胞主要用于信号的传输,本书将其结构放在有关布线资源的4.3节进行介绍。

4.1.3　内分泌仿生阵列结构

在高等生物体内存在一种普遍的细胞通信方式——内分泌通信。生物内分泌系统中任何细胞之间都可以通过激素实现两两通信和一对多通信,通信方式灵活[96]。在电子技术领域,总线是一种常用的多单元拓扑连接方法,在总线机制的协调下,与总线连接的各个单元能够实现类似内分泌通信中的两两通信和一对多通信。这里,使用总线结构实现内分泌仿生阵列。

1. 基本原理

基于总线结构的仿生电子阵列是利用总线分时复用的方式模拟生物内分泌系统的体液,通过对各类信号进行编码来模拟内分泌系统的激素,通过对每个细胞设定特定的地址来模拟生物内分泌系统中目标细胞表面的受体,利用配置存储模块存储的配置信息模拟生物细胞的DNA,其对应关系如表4.1所列。

基于总线结构的仿生电子阵列由工作细胞、空闲细胞、输入细胞和输出细胞构成。其中,工作细胞和空闲细胞结构相同,所有细胞通过总线直接连接,如图4.11所示。

表4.1 内分泌系统与仿生电子阵列功能对照表

生物内分泌系统	仿生电子阵列	功能
激素信号	编码的电子信号	信息的载体
体液	总线结构	信号传递的通道
目标细胞的受体	电子细胞的地址	识别目标细胞
DNA	配置信息	决定细胞的功能

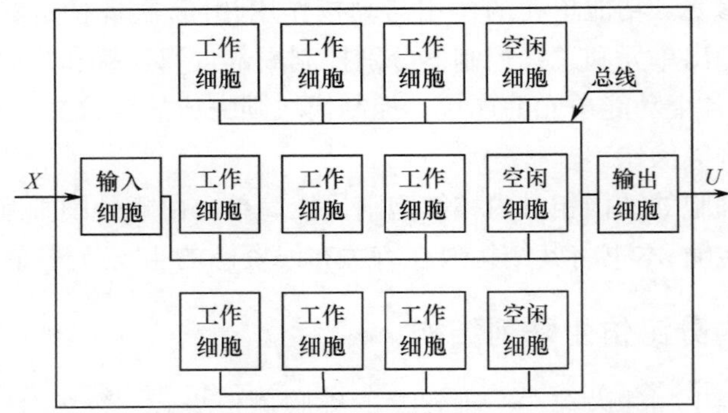

图4.11 基于总线结构的仿生阵列结构

阵列中各细胞的功能如下:

(1)输入、输出细胞。完成数据的输入和输出,在阵列的工作过程中通过监控总线的编码信息判断数据的处理进度,根据算法的需要实时输入输出数据。

(2)工作细胞。实现逻辑功能,根据设定的总线通信协议实现与其余工作细胞的数据交换,协同完成整个阵列的功能。

(3)空闲细胞。作为备份细胞,当阵列中的工作细胞出现故障时,立即激活为工作细胞以替换故障的工作细胞。

阵列中,任意细胞可以和任意一个或多个细胞进行通信。阵列的工作过程如下:输入细胞将数据进行编码处理后输入到总线上,此时所有工作细胞都能检测到总线上的数据,各个工作细胞通过检测数据中的编码决定是否将数据输入;当某个工作细胞确定总线上的数据属于自己的任务范畴,将总线上的数据输入并向总线释放编码后的信号,输入细胞检测到此信号后撤销先前的数据。工作细胞完成数据处理后将结果进行编码后释放到总线上,其余工作细胞检测数据决定是否输入进行下一步处理;如此下去,完成对数据的所有逻辑处理,输出细胞将处理完成后的数据经过解码后输出到阵列外。

2. 总线数据结构

总线模拟了细胞内分泌通信中体液的功能,是信息传递的公共通道。生物内分泌通信中的激素信号能够在体液中共存而不相互影响,但数字电路中的每条数据线在同一时刻只能传递一个信号,因此本书采用总线分时复用的方式模拟内分泌通信。为了使阵列中各细胞能在没有总线控制器的情况下顺利实现数据交换,本书设计的总线由数据总线和指令总线两部分组成,指令总线又包括地址信号线、指令信号线及故障信号线,如表 4.2 所列。总线各组成部分的线宽不是固定的,可以根据应用对象的特点灵活设定,各部分的主要功能如下:

表 4.2　总线数据格式

指令总线				数据总线
故障	指令 1	指令 2	地址	数据

(1) 数据总线。传递数据信号。

(2) 故障信号线。传递故障信号,空闲细胞通过实时检测故障信号线上的信号来判断阵列中是否出现了故障细胞。

(3) 地址信号线。传递地址信号,地址信号模拟生物内分泌系统中的细胞表面受体的功能,用于标识各个细胞。

(4) 指令信号线。分为两组,指令 1 为发送指令,用于表明数据传输的目的,各个工作细胞通过检测指令 1 上的信号以及地址信号线上的信号来判断是否对总线上的数据进行处理;指令 2 是反馈指令,用于检测对输出数据的响应情况。当两个细胞之间传递的数据长度超过了总线长度时,可以通过指令 1 和指令 2 的编码实现多次传递。指令信号的意义由表 4.3 给出。

表 4.3　指令信号意义

指令		含　义
指令 1	001	传输第 1 次数据
	…	…
	101	传输第 5 次数据
	110	数据输入
	111	数据输出
指令 2	001	完成第 1 次传输
	…	…
	101	完成第 5 次传输
	110	输入完成
	111	输出完成

基于总线结构的仿生自修复阵列中的任意细胞都能实现一对一和一对多的通信,这就要求各个细胞的输入输出模块的输入输出端与总线各数据、指令线对应相连,如图 4.12 所示。

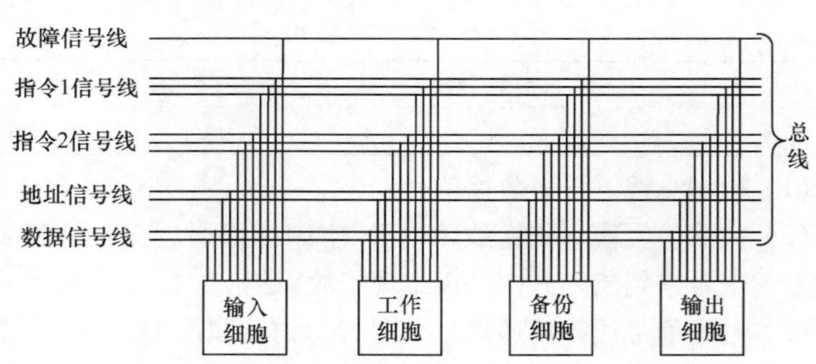

图 4.12　阵列中各细胞的连接方式

由于总线上各细胞的位置是平等的,要顺利实现阵列重构必须设定空闲细胞的优先级。本书利用空闲细胞的地址确定优先级,首先初始化地址,在阵列每次重构的时候,各空闲细胞调整自身地址,改变优先级。当阵列中出现故障信号时,优先级别最高的空闲细胞将激活为工作细胞,其余空闲细胞则继续处于空闲状态。

3. 总线通信协议

电子技术中的总线结构一般具有总线控制器,总线中的各个单元必须在控制器的统一协调下才能避免总线冲突而顺利完成数据交换。基于总线结构的仿生电子阵列要求阵列中的细胞能自主工作,细胞之间的通信能自主完成。另外,主控制器也会带来控制器失效的风险,降低系统的可靠性。因此,本书利用指令 1 和指令 2 的不同编码来取代总线控制器的功能,各个细胞通过监测指令 1 和指令 2 的编码来判断总线状态而适时完成传输数据传递。通信协议是细胞间实现正确数据交换的保证,本书设计的通信协议如下:

1）输入细胞

当指令 1 与指令 2 均为 000 且故障信号为 0 时,从阵列外向总线输入数据,标志一次计算的开始。当检测到指令 2 为 110 时,输出高阻,放开总线。

2）输出细胞

当检测到指令 1 为 111 且故障信号为 0 时,从总线取下数据并通过指令 2 反馈 111 到总线,然后将数据输出到阵列外。当检测到指令 1 为 000 时,输出高阻,放开总线。

3）工作细胞

输入数据:当检测到总线上地址为自己细胞地址或者公共地址时,输入数据。输入完成后通过指令 2 告知发送数据的细胞,然后再次检测指令 1,判断进行下一次数据输入或者输出高阻。

输出数据:当计算完成且故障信号为 0 时,向总线输出数据,通过检测指令 2 判断接收情况并决定继续输出数据或者输出高阻。输出数据由指令 1、数据和目标地址 3 个部分组成。

4）空闲细胞

当故障信号为 1 时,优先级别最高的空闲细胞通过指令 2 输出 001 与故障细胞建立联系,然后按照正常细胞的通信协议完成配置信息的传递。

当故障信号为 1,并检测指令 1 为 001 时,优先级别不是最高的细胞通过将自身地址减 1 的方式提升一级优先级。

4.2 功能模块结构

功能模块用于实现一定的数字电路功能，由于细胞阵列中要求所有细胞的硬件结构相同，所以这部分的结构应该具有一定通用性。本节将介绍几种典型的功能模块。

4.2.1 基于 MUX 的基本结构

采用多路选择器作为逻辑块主要元件的原因是二叉决策图(Binary Decision Diagram, BDD)可以直接映射为多路选择器(Multiplexer, MUX)网络，每个细胞能直接配置为 BDD 的一个节点，并保存一位二进制信息。该结构的优点是结构简单、具有较低的失效率，但是每个细胞能够实现的功能很少，功能性受到很大的限制。虽然从理论上来说大量细胞的逻辑块互连可实现复杂的数字电路或系统功能，但其布线也是极其复杂的。因其资源消耗大、布局布线困难，故不适合用于大规模电路的实现。图 4.13 给出了一种基于多路选择器结构实现的功能模块。

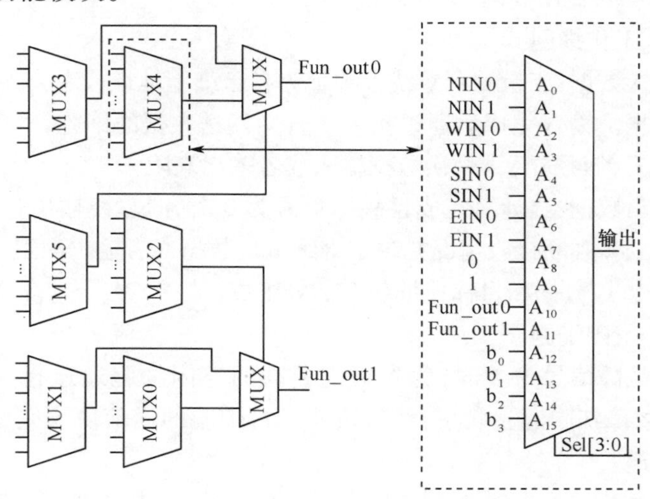

图 4.13　基于 MUX 的功能模块

该功能模块包括两个完全相同的部分。每部分包含4个多路选择器,其中1个(图中的MUX)是构成BDD图的器件,另外3个用作布线,选择合适的输入。如图4.13中的MUX3和MUX4是多路选择器的两个数据输入,MUX5则是多路选择器输出的选择端。MUX3、MUX4、MUX5的输入端数量根据具体情况而定,图中给出了一个示例,使用了16选一多路选择器,输入选择端包括东(右,E)、南(下,S)、西(左,W)、北(上,N)4个方向的两个输入(IN),即输入信号EIN0、EIN1、SIN0、SIN1、WIN0、WIN1、NIN0、NIN1,同时还包括模块自身的输出Fun_out0和Fun_out1以及0和1,还有4个信号$b_0 \sim b_3$没有使用,可以根据需要使用,或者不使用,直接接0。多路选择器的输入信号的选择由基因控制。

4.2.2　基于MUX的对称自检结构

在文献[78]中,其内核细胞的功能模块使用了图4.14所示的基本结构,该结构使用了3.3.3小节中使用的对称检测方法。其基本原理与图4.13相同。其中,$S_0 \sim S_5$为该功能单元的配置信息,由细胞的基因决定,选择MUX的输入信号,T为测试模式标志信号。

图4.14中(a)、(b)分别表示了正常模式和测试模式的工作示意。假定某工作状态是$S_1S_0=01$、$S_3S_2=11$、$S_5S_4=10$。正常模式下,MUX0选择输入b,MUX1选择输入d,MUX2选择的控制信号c直接通过MUX3后控制MUX4选择MUX0的输出或者MUX1的输出。则在测试模式下,由于总线上的信号也交换了顺序,MUX0选择输入d,MUX1选择输入b,但是MUX2仍然选择c,由于T的作用,c经过MUX3后反向,正好与MUX0和MUX1交换信号对应,从而保证了输出的一致。这种结构中,两种模式下:MUX0、MUX1的输入输出、MUX2的输入均使用了对称的不同线路,因而可以检测出故障;MUX3输入输出的线路不变,但是输出的信号会反向,因而可以检测出MUX3输出端的固定电平故障;MUX3的输入由于信号一直不变,因而不能够检测出其固定电平故障。

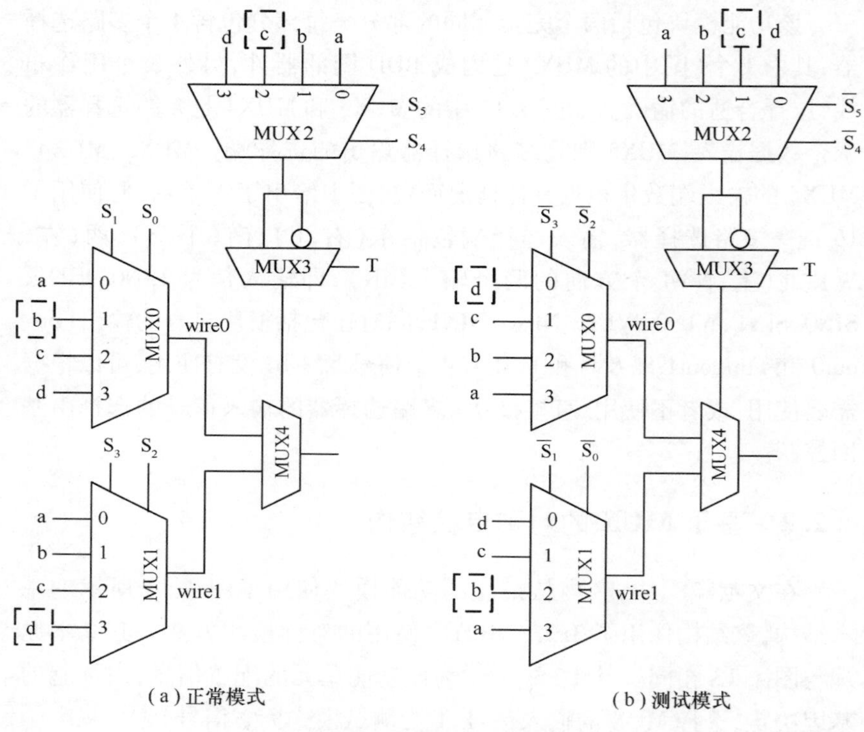

(a)正常模式　　　　　　　　　　(b)测试模式

图 4.14　基于 MUX 的对称自检结构

4.2.3　基于 LUT 的基本结构

近几年,在 POE 工程的细胞设计中常采用基于四输入一输出的查找表(Look - Up Tables,LUT)的结构。一个 k 输入的 LUT 可以看成是一个存储包含 k 个变量的函数真值表的数字存储器。由于查找表可以将复杂的运算(如乘法、开方、三角函数等)用一个含有真值表的存储器来实现,提高了运算的速度,因此在 FPGA 中得到广泛的应用,用来高速实现组合逻辑功能。但是,查找表中真值表存储器的容量是输入项数目 k 的 2^k 倍,每增加一个输入项,存储器的容量就增大一倍,在实现一些较大规模电路时,依然存在资源开销很大的问题。图 4.15 给出了一种基于查找表结构实现的功能模块。

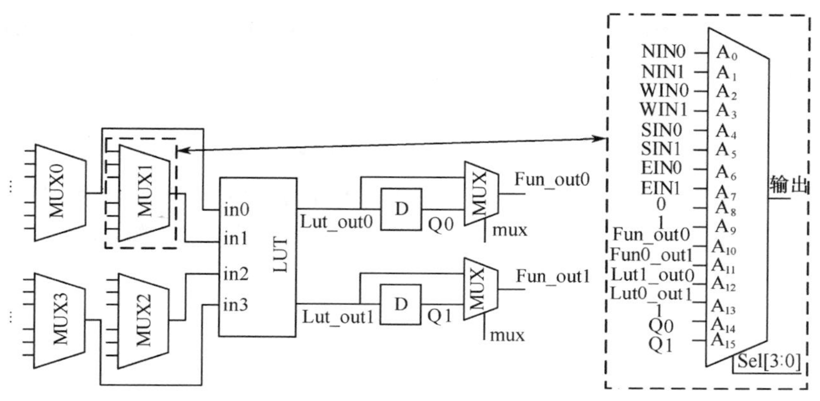

图 4.15　基于 LUT 的功能模块

该结构是一种比较基本的结构，即 LUT + D 触发器的结构，大部分基于 LUT 的 FPGA 简化后的结构都是 LUT + D 触发器。模块的输出可以选择 LUT 的输出或者是 LUT 通过 D 触发器以后的输出，而模块的输入则可以使细胞东、南、西、北 4 个方向地输入，功能模块自己的输出，或者是功能模块的中间变量 Lut_out0、Lut_out1、Q0、Q1，以及 0 或 1。

文献[95]使用了如图 4.16 所示的功能模块，其结构与图 4.15 基本相同。图 4.16 只给出了其核心部分，而省略了 LUT 输入信号前面的多路选择器。

这里就图 4.16 所述的功能模块进行分析。该功能模块包括 6 个

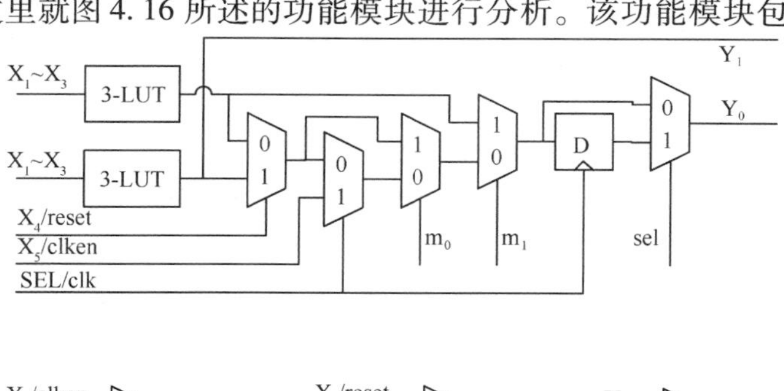

图 4.16　功能单元原理

输入(X_1、X_2、X_3、X_4/reset、X_5/clken、SEL/clk),2 个输出(Y_0、Y_1)、19 个配置位。配置信息包括 16 个 LUT 配置信息[$b_{15} \sim b_0$],两个模式控制位 m_1、m_0,和一个输出触发器选择位 sel。

该功能模块,主要包括两个 3 输入查找表,8 个 2 - 1 多路选择器和 1 个带时钟使能、异步置 0、异步置 1 控制端的 D 触发器。该模块能够实现 4 种不同的功能,即有 4 种工作模式,由模式控制位(m_1,m_0)控制,分别为:

模式 00,[m_1,m_0] = 00:半 5 输入查找表。

模式 01,[m_1,m_0] = 01:带时钟使能(clken)的 4 输入查找表。

模式 10,[m_1,m_0] = 10:带时钟使能和置 0(reset)的 3 输入查找表加辅 3 输入查找表。

模式 11,[m_1,m_0] = 11:带时钟使能、置 0、置 1(set)的 2 输入查找表,辅 2 输入查找表。

下面分别就 4 种工作模式进行详细说明。

1. 模式 00

该模式为半 5 输入查找表模式。在电路设计中,多输入的组合逻辑经常出现。多输入(大于 4)的组合逻辑可以通过分解转化为 4 输入组合逻辑级联,但一般比较麻烦,比较简单的方法是直接采用多输入的查找表,模式 00 就是面向多输入逻辑进行扩展而设计的。容易看出,这个功能单元包含两个 3 输入查找表,容易实现 4 输入的查找表(见 3.2.2 小节)。要实现 5 输入查找表,需要的查找 RAM $2^5 = 32$ 位,而每个功能单元只包含两个输入查找表,只有 $2 \times 2^3 = 16$ 位配置位,故可以考虑通过两个功能单元并联来实现。该模式称为半 5 输入查找表,就是因为它能够通过并联,很方便地实现 5 输入查找表。功能单元去掉无关的信号后,其简化结构如图 4.17 所示,两个功能单元并联工作的原理如图 4.18 所示。

功能单元 1 完成 4 输入查找表功能。功能单元 2 完成半 5 输入查找表功能,两个功能单元并联完成 5 输入查找表。功能单元 2 中,$X_1 \sim X_3$ 为 3 输入查找表的输入,两个查找表的输出通过 X_4(X_4/reset)选择,构成 4 输入查找表。其 X_5(X_5/clken)输入连接功能单元 1 的 4 输

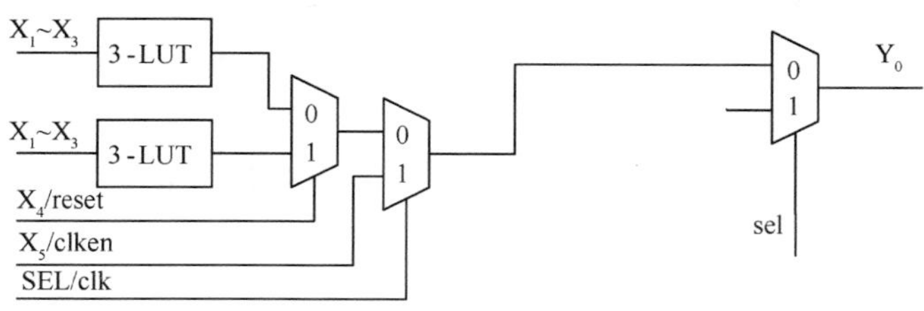

图 4.17　模式 00 工作原理示意图

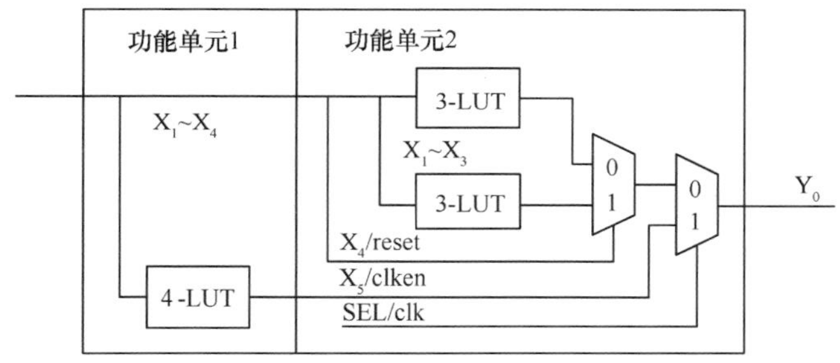

图 4.18　模式 00 功能单元并联工作原理

入查找表输出，通过 SEL（SEL/clk）选择完成 5 输入查找表，最后通过 SEL 选择输出。由于这里 SEL/clk 信号被复用为 5 输入查找表 SEL 信号，故没有 clk 信号，不能使用其中的 D 触发器，即查找表的输出不能锁存保持。

2. 模式 01

这种模式是带时钟使能的 4 输入查找表模式，是基本的工作方式。在这种模式下，SEL/clk 用作时钟信号，X_5/clken 用作时钟使能，$X_1 \sim X_3$ 及 X_4（X_4/reset）为 4 输入查找表的输入。查找表的输出可以选择是否经过 D 触发器锁存，基本工作原理如图 4.19 所示。

3. 模式 10

模式 10 为带时钟使能和置 0（reset）功能的 3 输入查找表加辅 3 输入查找表。在这种模式下，SEL/clk 用作时钟信号，X_5/clken 用作时钟使能，X_4 用作置零信号（reset），$X_1 \sim X_3$ 为 3 输入查找表的输入，该

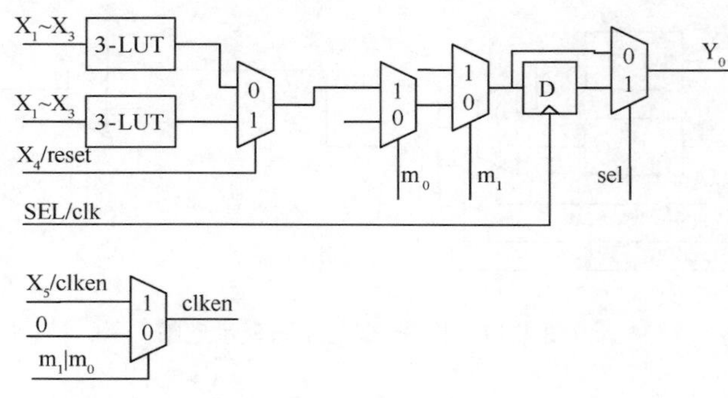

图 4.19　模式 01 工作原理示意图

查找表的输出连接到 Y_0。另外,这种工作模式还可以输出另一个信号 Y_1,这个信号也是 3 输入查找表的输出,但是不能够带 D 触发器,只能用来实现组合逻辑,在这里将其称为辅 3 输入查找表。其基本工作原理如图 4.20 所示。

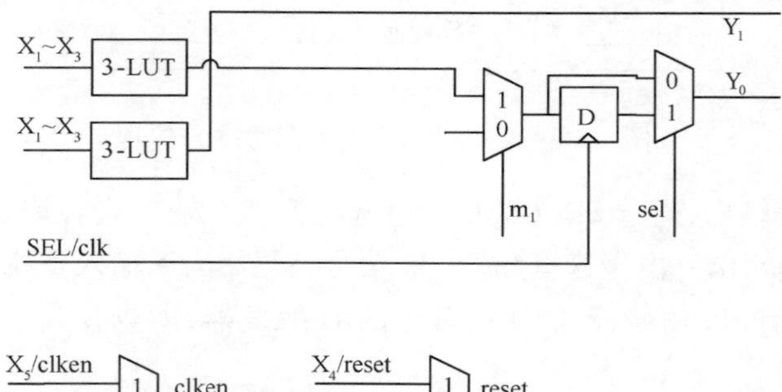

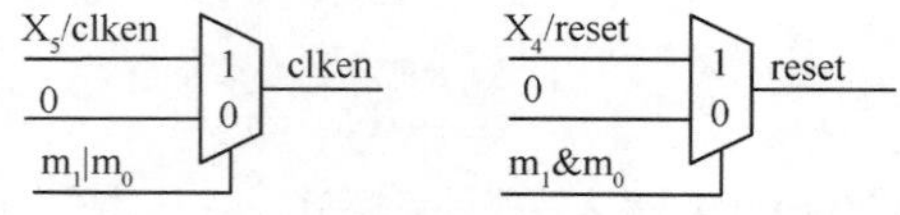

图 4.20　模式 10 工作原理示意图

4. 模式 11

该模式为带时钟使能、置 0、置 1(set)的 2 输入查找表和辅 2 输入查找表。这种结构的基本原理如图 4.21 所示,其基本工作原理类似模式 10。SEL/clk 用作时钟信号,X_5/clken 用作时钟使能,X_4 用作置零信号(reset),X_3 作为置 1 信号,$X_1 \sim X_2$ 构成查找表的两个输入。将 3 输入查找表的配置位高低 4 位配置成相同的,就可以去除 X_3 对查找表

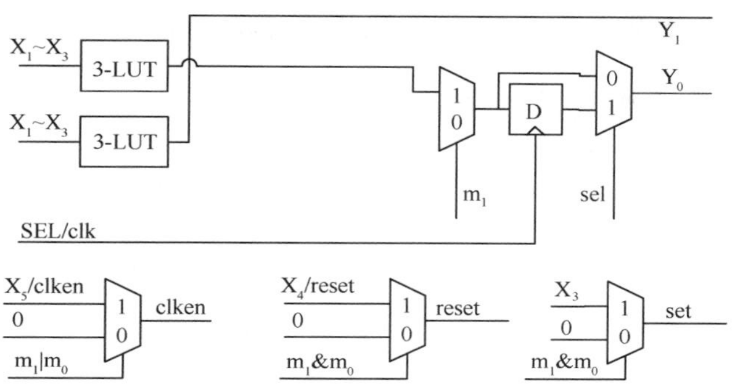

图4.21　模式11工作原理示意图

输出的影响。由于 Y_1 对应的查找表与 Y_0 的查找表的输入相同,故也将 Y_1 对应查找表成为辅2输入查找表。

上面简要介绍了图4.16所示的基本工作原理,该结构主要是分析了基于LUT应用的多种模式。此外,在一些设计中,以LUT为基础的功能单元还能够配置为计数器、FSM、移位寄存器、4个独立的寄存器和LUT、加法器等模式,这些都基于LUT的FPGA中可配置逻辑单元(Configurable Logic Block,CLB)能够使用的工作模式,有关的设计可以参考FPGA的技术资料。

基于LUT的功能单元,有的设计还能够配置为64位LFSR(伪随机数生成器)模式,能够以很低的资源消耗实现可重构计算方面的概率函数或者伪随机事件触发[47,48,89]。在Ubichip中,还有SIMD模式,能够配置成处理矩阵,用于矢量的并行计算。在该模式中,每个Ubicell被配置为4位处理器,4个Ubicell在一起构成16位处理器。一个集中定序器能够读取程序,并送入并行计算单元执行。

4.3　输入输出模块结构

输入输出模块,主要用于连接各个细胞的功能单元,在最早提出的胚胎电子阵列中,一般叫输入输出模块。在一些新的文献中,可能不一定叫输入输出模块,但是就其功能来讲,仍然是完成各细胞功能单元之间的连接。本节将介绍几种这类模块的常见结构。

4.3.1 传统输入输出模块结构

图 4.22 给出了一种传统的细胞输入输出模块的结构[27]，该结构主要应用于冯·诺依曼结构连接的二维阵列中。该模块主要包括 8 个多路选择器，每个多路选择器的输入为除自身方向的输入和功能单元的输出。例如，东边的输出 0(EOUT0)可以选择的信号就是北、西、南 3 个方向的输入 NIN0、NIN1、WIN0、WIN1、SIN0、SIN1 和功能模块的输出 Fun_out0、Fun_out1。而南边的输出则可以选择北、西、东方向的输入或者功能模块的输出。

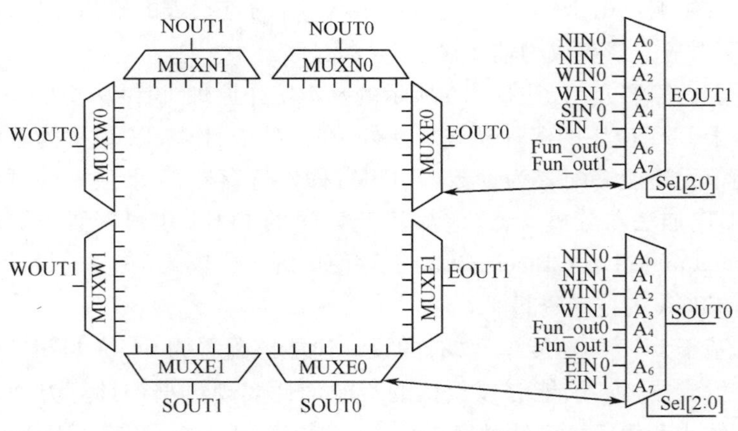

图 4.22 输入输出模块示例

在构成阵列时，EOUT0(EOUT1)与阵列右侧相邻细胞的 WIN0(WIN1)相连，WOUT0(WOUT1)与阵列左侧相邻细胞的 EIN0(EIN1)相连，NOUT0(NOUT1)与阵列上方相邻细胞的 SIN0(SIN1)相连，SOUT0(SOUT1)与阵列下方相邻细胞的 NIN0(NIN1)相连。

对于蜂窝状结构、摩尔结构应用的阵列，可以参考此结构。

4.3.2 链状结构布线资源

图 4.23 给出了文献[95]中，针对图 4.7 所述阵列使用的布线资

源。布线资源主要用于连接各细胞的功能模块，其基本结构如图4.23所示。在构成阵列时，细胞的左侧全局总线GBL（右侧全局总线GBR）与相邻细胞的GBR（GBL）对应相连，左侧输入总线BL_i（右侧输入总线BR_i）与右侧输出总线BR_o（左侧输出总线BL_o）相连。

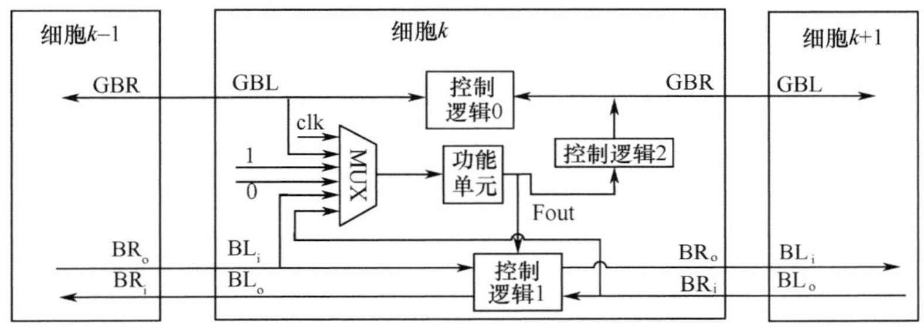

图4.23 布线资源

图4.23中，除了功能单元外，其他各部分都为布线资源。MUX为多路选择器，选择功能单元的输入。控制逻辑1、控制逻辑2、控制逻辑3由配置信息控制，实现特定的开关功能与数据通道选择：控制逻辑0控制总线的断开与接通以及总线的方向；控制逻辑1控制局部连接，选择BR_o（BL_o）的驱动信号为BL_i（BR_i）或者功能单元的输出Fout；控制逻辑2控制功能单元输出Fout是否驱动总线及驱动哪条总线。

4.3.3 对称布线连接

1. 输入输出管脚

图4.24给出了文献[78]的外围细胞的简化结构，图4.24中MUX为多路选择器，FF为触发器。细胞有4个双向管脚，其中P_1、P_2（统称为P）接芯片内部的外围总线PB，E_1、E_2（统称为E）为阵列的外部输入输出管脚，与外围电路相连。外部管脚的方向由配置位定义，触发器的输入可以是内部的信号P或者外部信号E（或者触发器的输出）。输出管脚E和内部连接P由对应的触发器驱动，均可关闭。

该细胞结构同样具有对称性，可以使用对称故障检测方法。在正常模式和测试模式下，触发器内的信号在控制信号的作用下相互交换，

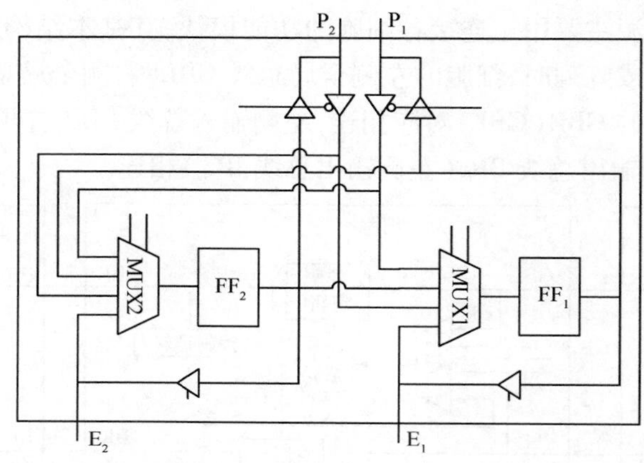

图 4.24　简化的外围细胞

从而交换 P_1 与 P_2、E_1 与 E_2，在 4.3.3 小节的 3 将给出一个简单的案例。

2. 细胞布线资源

图 4.25 给出了文献[78]中细胞的布线资源的原理。图 4.25 中左侧为连接单元，其中虚线可以任意控制连通或者断开。连接各细胞的总线分为多个小组，每两条线分为一组，总线组选择逻辑根据配置信息 $S_iS_n \sim S_iS_0$ 将选定组的两条线连接到连接单元。图 4.25 中右侧为总线组移除，其功能是控制是否将特定的总线小组断开，其所能够断开的

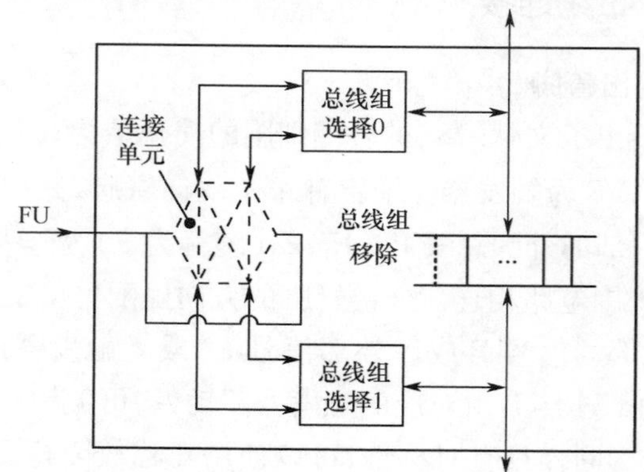

图 4.25　原核细胞布线资源简化结构

总线小组包括总线组选择 0（$S_0S_n \sim S_0S_0$ 控制）和总线组选择 1（$S_1S_n \sim S_1S_0$ 控制）所选择的组。如果该细胞的两个总线组选择逻辑都没有选择某小组，则该小组的总线的断开没有意义，因而不需要去控制它，因而这种方式是合理的。此外，使用这种方式可以很好地节约资源：每个总线组选择逻辑的控制基因只需要 1 位，用来表示是否断开对应的一组总线（高电平 1 表示断开），因而该总线组移除逻辑只需要两个控制位，记为 S_1B（对应总线组选择 1）和 S_0B（对应总线组选择 1），存储器消耗很少。

图 4.26 给出了细胞连接单元的结构。该单元一共包含 10 个开关，可以用 10 个控制位控制每个开关是否断开，图 4.26（a）给出了每个开关的编号，设定控制位 SW_i 控制开关 i，其中 $i=1\sim9$。该开关具有对称结构，支持对称自检测：在测试模式，开启正常模式对应的开关，开关之间的对应关系如表 4.4 所列。图 4.26（b）给出一个正常模式的连接情况，并在图 4.26（c）给出了对应的测试模式的连接情况：在正常模式，开关 1、3、4 接通，其他的断开；在测试模式，则其对应的开关 0、3、5 接通，其他的断开。在图 4.26（b）、（c）中，虚线表示断开，实线表示接通。

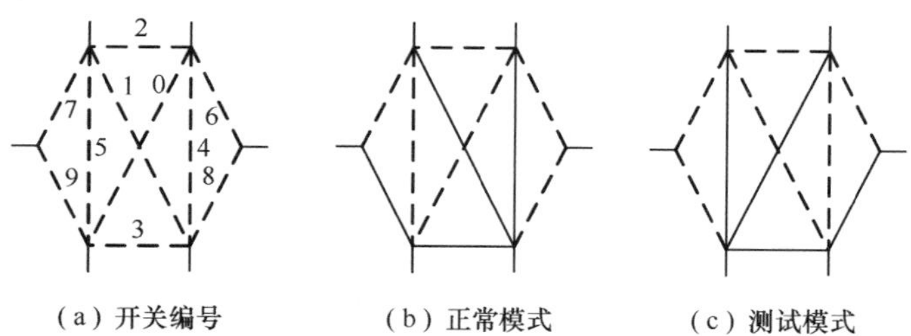

（a）开关编号　　（b）正常模式　　（c）测试模式

图 4.26　连接单元的对称工作原理

表 4.4　开关对应关系

开关编号	0	1	2	3	4	5	6	7	8	9
对应的开关编号	1	0	2	3	5	4	7	6	9	8

3. 工作原理

这一节以图 4.9 所示的阵列为例，给出实现 A&B，记为 AB，即一个与门的简单案例。图 4.27 和图 4.28 分别给出了其正常模式和测试模式的基本原理[78]。图中给出了一个内核细胞(CC)和两个外设细胞(PC_0 和 PC_1),内核细胞使用基于图 4.14 所示的功能单元,图 4.23 所示的布线资源,外围细胞使用图 4.24 所示结构。

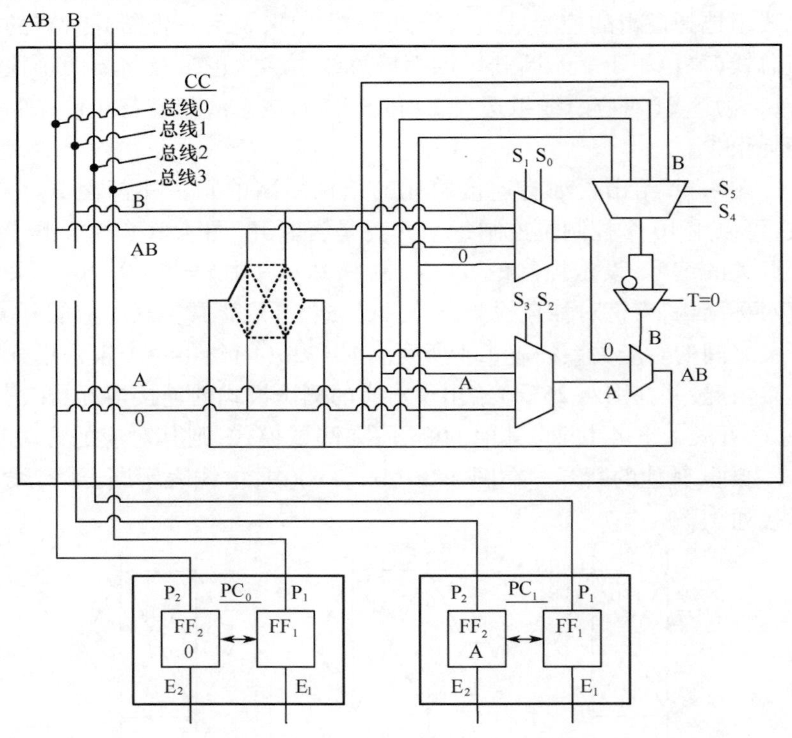

图 4.27　原核细胞工作模式示意图

如图 4.27 所示,总线一共 4 条,从左到右依次记为 0、1、2、3,分为 2 小组,左侧的总线 0、1 记为小组 0,右侧的总线 2、3 记为小组 1。正常模式和测试模式时,细胞的配置信息如表 4.5 所列。

在正常模式,信号 A 从外围细胞 PC_1 的 E_2 输入,置外设细胞 PC_0 的 FF_0 为 0,信号 B 从总线 1 的上方输入。$[S_1,S_0]=11$ 控制多路选择器选择信号 0,$[S_3,S_2]=10$ 控制多路选择器选择信号 A,$[S_5,S_4]=00$ 控制多路选择器选择信号 B,再经 T=0 直接输出 B 信号选择 0 或者

表 4.5　细胞配置信息

工作模式	模块名称	控制信息	配置信息
正常模式 $T=0$	功能单元	$SW_9 \sim SW_1$	00 10 00 00 00
	连接单元	$S_5, S_4, S_3, S_2, S_1, S_0$	00 10 11
	总线组选择	S_1S_0, S_0S_0	00
	总线组移除	S_1B, S_0B	11
测试模式 T = 1	功能单元	$SW_9 \sim SW_1$	00 01 00 00 00
	连接单元	$S_5, \overline{S}_4, S_1, \overline{S}_0, S_3, \overline{S}_2$	01 10 11
	总线组选择	$\overline{S}_1S_0, \overline{S}_0S_0$	11
	总线组移除	S_1B, S_0B	11

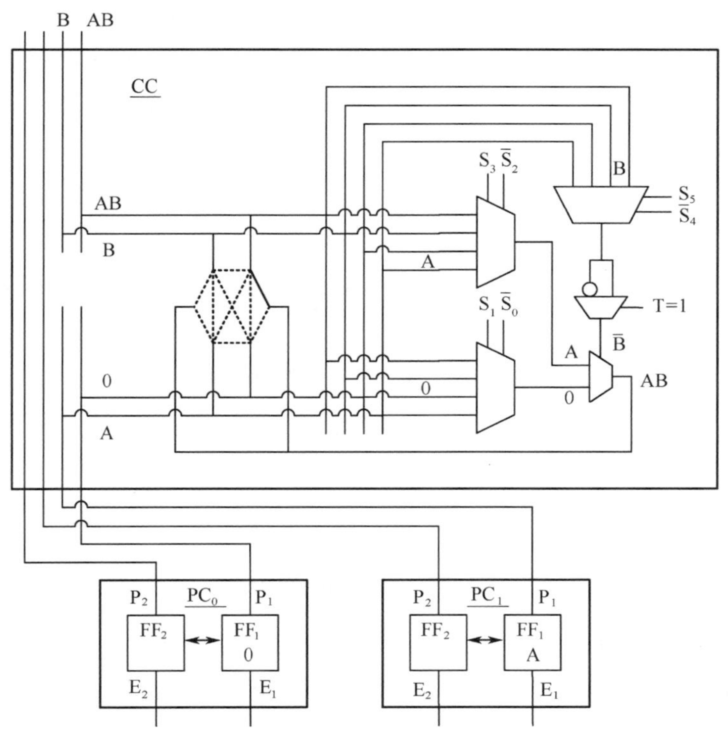

图 4.28　原核细胞测试模式示意图

A,其结果即为 AB,通过连接单元的开关 7 输出到总线 0,从上方输出。其中总线组选择 1 和总线组选择 0 因$[S_1S_0, S_0S_0]=00$ 均选择了总线组 0,总线组移除则因为$[S_1B, S_0B]=11$ 而断开了总线组 0。

在测试模式,PC_0、PC_1 的 FF_0 与 FF_1 交换,PC_0 的 FF_1 值为 0,A 则存储在 PC_1 的 FF_1。总线组选择信号在测试模式取反,$[\overline{S}_1S_0, \overline{S}_0S_0]=11$,选择了总线组 1。于是,$[S_3, \overline{S}_2]=11$ 选择信号 A,$[S_1, \overline{S}_0]=10$ 选择信号 0,$[S_5, \overline{S}_4]=01$ 选择 B,再经由 T=1 将 B 取反为 $\overline{B}$,最后 $\overline{B}$ 控制选择 A 或者 0,即输出 AB。总线组移除为 $S_1B=1$。$S_0B=1$,控制移除总线组 1,即断开总线 2 和总线 3。

4.3.4 内分泌细胞输入输出模块结构

基于总线结构的仿生自修复细胞只需与总线进行数据交换,因此细胞的输入输出模块只需实现两个方向的数据传递。根据总线通信的特点,输入输出模块主要由双向缓冲器和寄存器构成,如图 4.29 所示[65]。

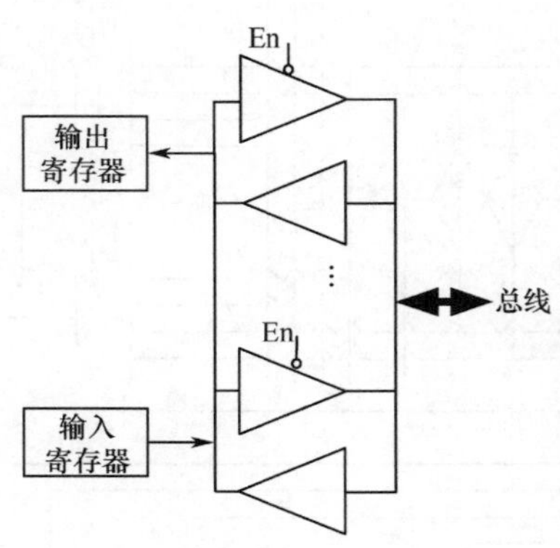

图 4.29 输入输出模块结构

双向缓冲器的数量与总线的数据宽度相同,输入输出寄存器的大小与需要传递的数据有关。寄存器由输入寄存器和输出寄存器组成,输入寄存器用于缓存从总线输入的数据,输出寄存器用于缓存从细胞输出到总线的数据。

4.4　配置存储模块结构

配置存储模块一般是用于阵列(细胞)配置信息的存储,也存储一些用于自修复的备用的配置信息。和输入输出模块类似,不同文献中的说法可能不尽相同。从现有文献看,配置存储模块的结构一般可以分为两类,即基于查找表结构和基于移位寄存器的结构。

4.4.1　基于查找表结构

1. 基本结构

真核细胞内包含有完整的 NDA,处在不同环境的细胞根据特定环境进行不同的 DNA 解录,以实现细胞的分化[51]。基于真核仿生细胞结构中,细胞的配置模块如图 4.30 所示,实际上为一个存储器,常称为查找表。真核仿生细胞阵列中,每个细胞有一个唯一地址,配置存储单元根据地址译码,得到细胞所需要的配置信息,进行细胞配置。

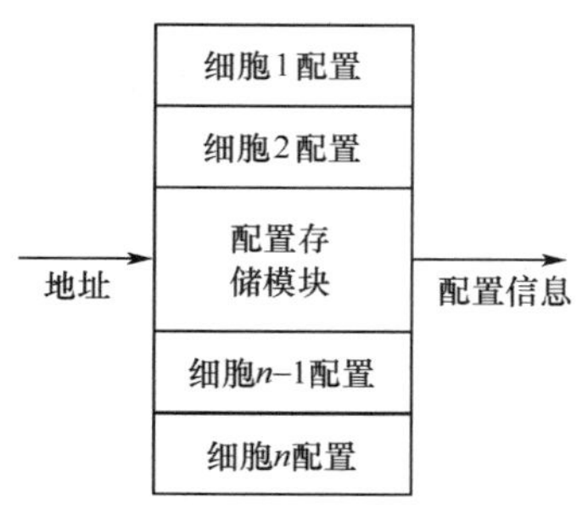

图 4.30　基于存储器的配置模块

2. 改进的结构

在基于列移除的自修复重构机制中,并不是所有的配置信息都会使用,某细胞只会分化为初始化时,其所在行的细胞的功能,即只可能使用到本行细胞的配置信息。于是,在文献[27]中,将细胞的配置存储模块进行简化,每个细胞只包含其所在行的细胞的配置信息,下面以大小为 3 ×3、工作细胞数为 3 ×2 的阵列为例进行说明。完成功能分解和布局布线后,将第 i 行第 j 列的细胞配置信息记为 GEN_{ij},阵列中第 i 行第 j 列细胞记为 $Cell_{ij}$,则每个细胞包含的配置信息如图 4.31 所示。

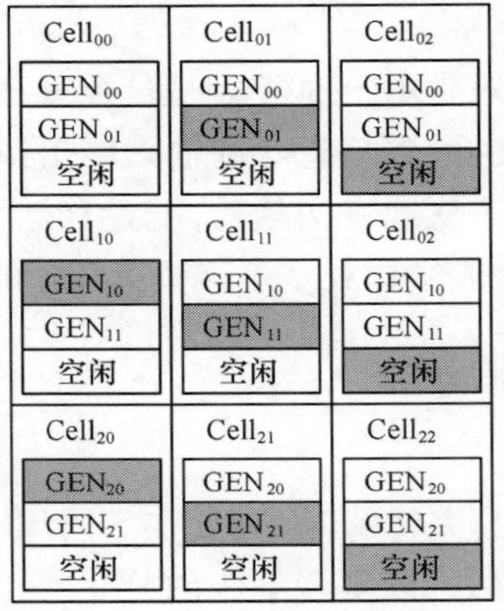

图 4.31　3×3 阵列配置信息

每个细胞包含的配置信息如图 4.31 所示。在初始化时,每个细胞所选择的配置信息在图中用灰色背景标出,如 $Cell_{10}$ 所选择的配置信息为 GEN_{10},$Cell_{02}$ 选择的配置信息为空闲,即空闲备份细胞。

4.4.2　基于移位寄存器结构

1. 基本结构

然而,构成群落的原核细胞(如肺炎链球菌)并没有包含如真核细胞的细胞核,没有包含其他细胞的基因,只含有离散在细胞内细胞所必需的遗传物质。基于此,文献[95]设计如图 4.32 所示的细胞配置模块。它只有自己所需要的“细胞配置”和用于其他细胞的“备份配置”。“细胞配置”为自己所需要的配置信息,用于配置自己的功能单元和布线资源等。“备份配置”并非细胞自生所需信息,它用于自修复。

细胞中配置信息采用移位寄存器的结构存储,细胞配置和备份配置数据长度完全一样,其信号的示意图如图 4.32 所示。配置模块配置信号的输入端包括 Wci_0 和 Wci_1,输出端包括 Eco_0 和 Eco_1。在组成阵列时,Wci_0(Wci_1)与左侧细胞的 Eco_0(Eco_1)相连,Eco_0(Eco_1)与右侧

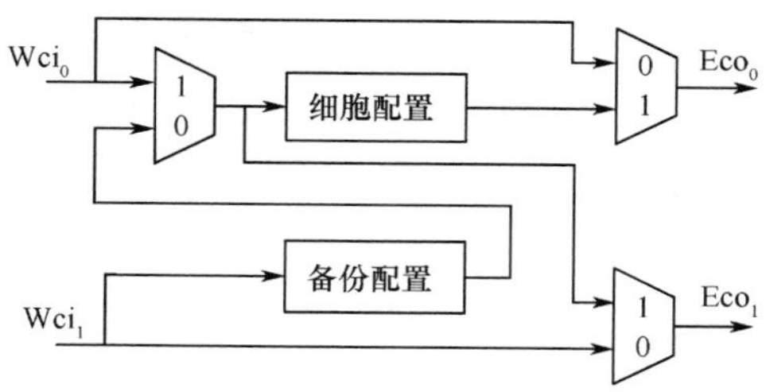

图 4.32　基于移位寄存器的配置存储模块

细胞的 Wci_0(Wci_1)相连。

下面对基于上述结构的细胞的自修复进行简要分析。这里仅对列移除的自修复重构进行分析。由于列移除是右侧细胞代替左侧细胞的功能,因而每一行的实现是一样的,这里仅分析其中的一行。

阵列中的细胞状态主要有两种,即初始化状态和工作状态。阵列初始化时,通过配置输入通道将配置信息送入配置寄存器。为了以较少的配置输入线完成整个细胞阵列的初始化,将多个细胞的输入输出级联。细胞阵列处于工作状态时,细胞功能单元完成特定的功能,根据输入数据计算得到特定的输出数据。如果某细胞检测到自身不可修复的故障,则向控制模块发出故障信号,控制模块接收到故障信号后控制配置寄存器改变配置,移除该细胞,完成阵列级的自修复。

阵列自修复重构实现如图 4.33 所示。假定某时刻细胞 $k+1$ 发生故障,且无法完成细胞自修复,则需要触发阵列级自修复。细胞 $k+1$ 将备份配置传递到细胞 $k+2$ 备份配置;右侧相邻细胞 $k+2$ 将其备份

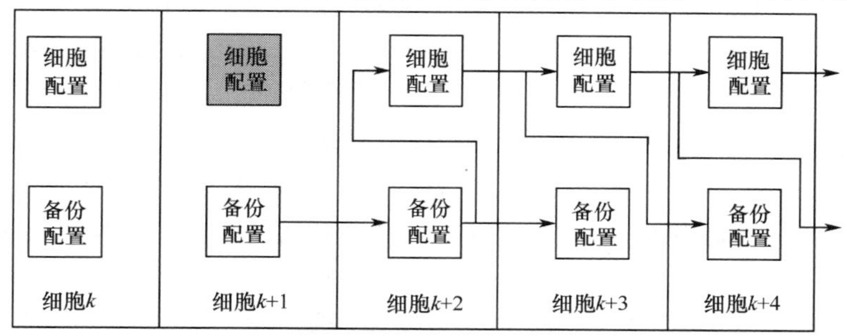

图 4.33　链式原核仿生阵列重构原理

配置(存储细胞 $k+1$ 的配置信息)导入配置信息,同时传递到细胞 $k+3$ 的备份配置,其配置信息则传递给细胞 $k+3$ 作为配置信息以及细胞 $k+4$ 作为备份配置。细胞 $k+3$ 也将细胞配置右移,作为细胞 $k+4$ 的配置信息和细胞 $k+5$ 的备份配置。经过这个过程,细胞 $k+2$($k+3$,…)的配置信息为原细胞 $k+1$($k+2$,…)的配置信息,故只要阵列最后有空闲细胞,则整个阵列的功能能够维持。

前面提到,这种结构的细胞阵列需要初始化,其实较简单。假想阵列最左侧细胞 0 的左侧还有一个虚拟的细胞,让该细胞发出故障信号,就可以利用细胞的自修复机制完成整个阵列的初始化,其基本原理如图 4.34 所示。

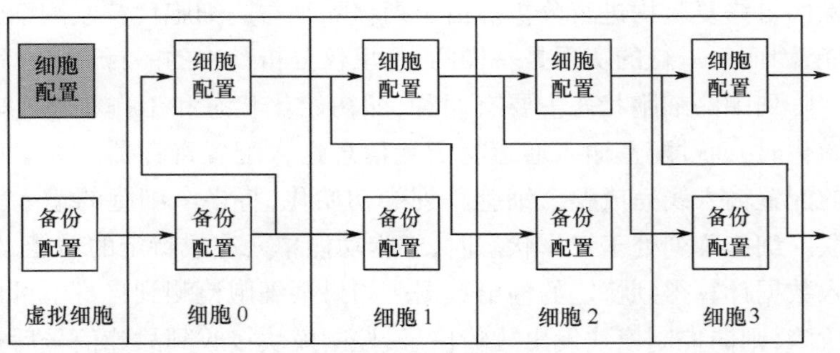

图 4.34　链式原核仿生阵列初始化原理

2. 改进的结构

文献[27]中也给出了一种基于移位寄存器的配置存储模块。文中对基于移位寄存器的配置存储模块的移位寄存器进行了改进。

考虑在工程实现中,细胞阵列的规模较大,这样信号的路径延时较大会造成细胞与细胞之间的时钟偏斜,造成移位寄存器移位发生错误。为了消除路径延时所产生的影响,移位寄存器采用如图 4.35 所示的结构。在每个细胞的配置存储器中有两个 D 触发器,分别在时钟的上升沿触发和下降沿触发,前一个触发器的时钟信号来自于重构时钟和移位信号的相与,后一个触发器的时钟信号来自于重构时钟的反向。

每个细胞中配置存储器的内部结构如图 4.36 所示。系统初始化,将每个细胞的初始配置位加载到第一个触发器中,前一个触发器寄存

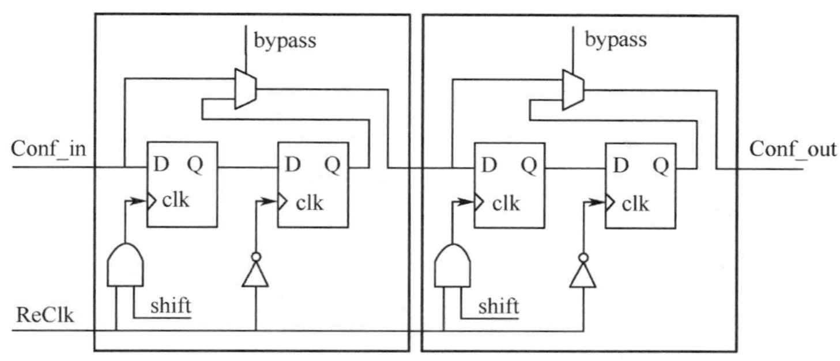

图 4.35　改进的基于移位寄存器的配置存储模块

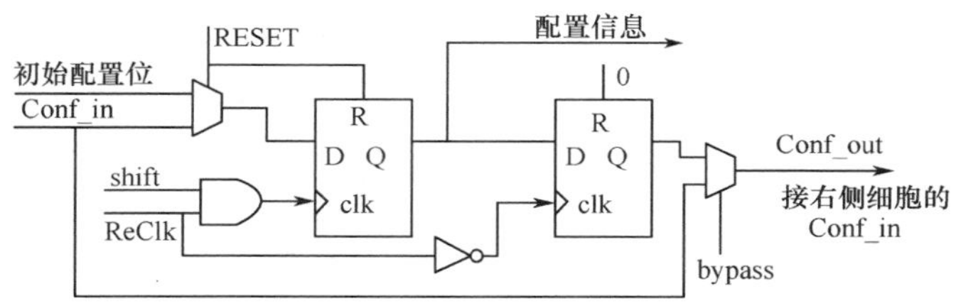

图 4.36　基于移位寄存器的配置存储器的内部结构

了每个细胞的配置信息,并在重构时钟 ReClk 的下降沿寄存在后一个触发器中。在工作阶段,移位信号 shift 为 0,使得前一个触发器不发生触发。当系统中有细胞发生故障时,触发重构,在重构过程中,控制模块产生一个移位脉冲信号,在移位信号有效的一个重构时钟的上升沿,前一个触发器发生触发,即发生移位,在重构时钟的下降沿触发后一个触发器。第一个触发器的输出接入细胞内逻辑块和换向块,第二个触发器的输出接入东面相邻细胞的 Conf_in 端,当本细胞发生故障时,在阵列重构完成后根据控制模块给出的 bypass 信号将故障细胞的配置存储器旁路,使得东西面相邻细胞的配置存储器直接相连,保证在下一次重构过程中故障细胞不会对移位操作产生任何影响。

4.5　其他常见模块结构

在前面几节中,对仿生阵列的阵列与细胞结构进行了介绍,然后重点介绍了细胞内功能模块和输入输出模块、配置存储模块的结构,本节将对细胞内其他的一些模块进行简要介绍。

4.5.1 地址模块基本结构

在真核仿生阵列中,细胞之间一般以地址坐标区别彼此,阵列中每个细胞都有唯一的地址坐标。地址模块通常是将其相邻细胞的地址信号输出(简称输入地址)和细胞自身控制模块发出的控制信号作为输入,处理后得到新的地址信息并输出给相邻的细胞(简称输出地址)。同时,控制模块还把输入地址或输出地址传送给细胞的配置存储模块,用以对细胞的“基因”进行“解录”,即选择配置存储模块中的配置信息,获得细胞的配置信息,以配置细胞完成特定的逻辑功能。

针对冯·诺依曼结构的二维阵列,阵列细胞的地址通常分为行地址和列地址。采用不同的自修复机制,地址模块可以设计不同的工作模式,图 4.37 给出细胞地址模块的典型结构。例如采用列移除机制,则行地址不受故障标志影响,故障标志只影响列地址的输出:细胞列地址受故障标志控制,如果细胞正常,则将阵列的列地址加 1 后输出到下一个细胞,如果细胞出现故障,则列地址直接输出而不加 1;而细胞行地址则不受故障标志控制,无论怎样,都加 1 后输出。在图 4.1 中,如果细胞中的水平、竖直方向的坐标分别记为细胞的行、列地址,使用上述机制就很容易实现图中所示的列细胞移除过程。

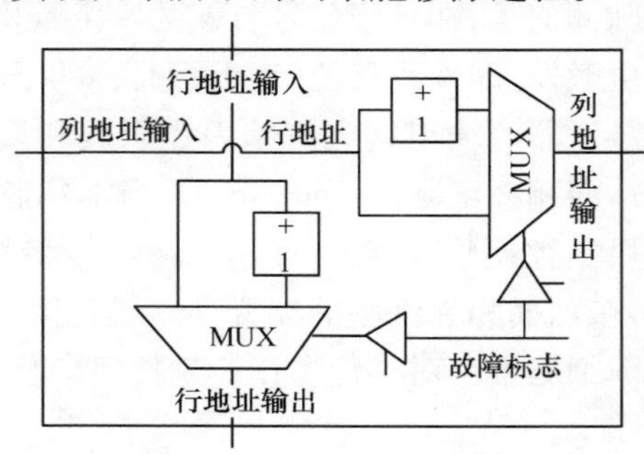

图 4.37 地址模块典型结构

图中所示的结构是一种较通用的结构,在实际的阵列设计过程中,地址模块可以根据需要,进行适当的增减或者修改。

4.5.2　基于扩展海明码的自检模块结构

自检测是自修复的基础,在胚胎电子阵列中,一般要对功能单元、布线资源和配置模块进行自检。功能单元结构复杂,不同的功能单元可能使用不同的方法。由于多模冗余比较简单,通用性强,故胚胎电子阵列中常用多模冗余的方法。在原核仿生阵列中,也可以使用该方法。布线资源可能出现桥接故障,进而使拓扑结构改变,因而查错复杂,要检查并修复这样的错误,资源消耗较大,一般不在细胞内进行。要查错,常用完全备份的方法实现。

扩展海明码可以实现一位故障纠正,两位报错。本书对存储器的故障检测就使用扩展海明码,具体设计如下。

在完成细胞配置信息的生成后,将每个配置信息送入海明码编码软件,计算校验码,生成扩展汉明编码。生成的海明码可以将每个细胞的所有位进行完全编码,也可以将其分为若干段,分别编码。进行一次编码可以节省存储器但是要消耗大量的逻辑译码资源,如果分组编码,则可以减少译码逻辑而适量增加存储器,这个可以根据情况进行折中选择。将编码好的配置信息存到细胞的配置信息中。在细胞内,自检模块对该配置信息进行监督与修复:该模块对配置信息进行译码校验,如果只有 1 位故障,则自我校正修复,如果有 2 位故障,则发出故障信号,触发控制模块完成阵列级的细胞重构。具体的流程图如图 4.38 所示。

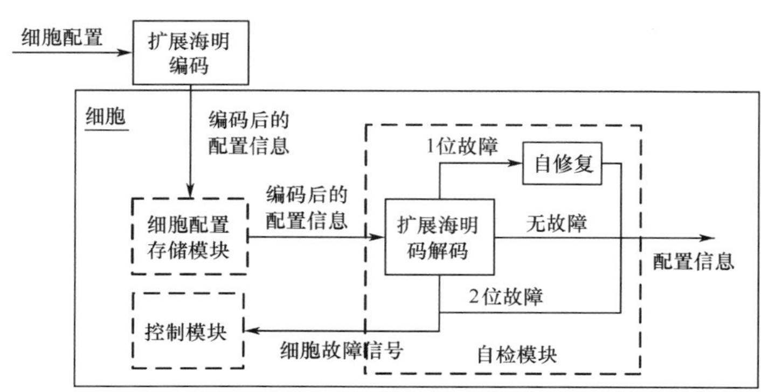

图 4.38　细胞配置信息自检流程示意图

4.6 本章小结

本章首先从真核、原核以及内分泌 3 个方面介绍了仿生阵列的基本结构。接着，介绍了几种功能模块的实现结构，包括基于多路选择器的基本结构、基于多路选择器的对称自检测结构以及基于 LUT 的基本结构等，论述了几种仿生硬件中常用的一些布线资源的结构，如传统的输入输出模块、对称布线连接等。然后，介绍了基于查找表和基于移位寄存器的配置存储模块结构。最后，介绍了地址模块、自检模块的基本结构。

第 5 章　仿生自修复硬件的设计与实现

在上一章中，介绍了仿生自修复硬件的一些基本结构，本章将介绍基于 FPGA 的仿生自修复硬件的设计步骤，并以 3 个例子分别介绍基于原核仿生阵列、真核仿生阵列和内分泌仿生阵列的仿生自修复电路设计。

5.1　基于 FPGA 的仿生自修复乘法器

乘法器是数字电路中最基本的逻辑器件之一，本节以乘法器作为简单的实例，说明基于 FPGA 的仿生电子阵列的设计步骤，并通过仿真对设计结果进行验证。

5.1.1　基于 FPGA 的仿生自修复硬件实现步骤

1. FPGA 设计流程

FPGA 的设计流程就是利用 EDA 开发软件和编程工具对 FPGA 芯片进行开发的过程。典型 FPGA 的设计流程一般如图 5.1 所示，包括功能定义/器件选型、设计输入、功能仿真、综合优化、综合后仿真、实现、布线后仿真、板级仿真以及芯片编程与调试等主要步骤[97]。

1）电路功能设计

在系统设计之前，首先是方案论证和 FPGA 选型。根据任务要求，权衡各种资源、成本等，选择合适的 FPGA。然后进行电路的功能设计：一般都采用自顶向下的设计方法，把系统分成若干个基本单元，然后再把每个基本单元划分为下一层次的基本单元，一直这样做下去，直到可以直接使用 EDA 元件库为止。

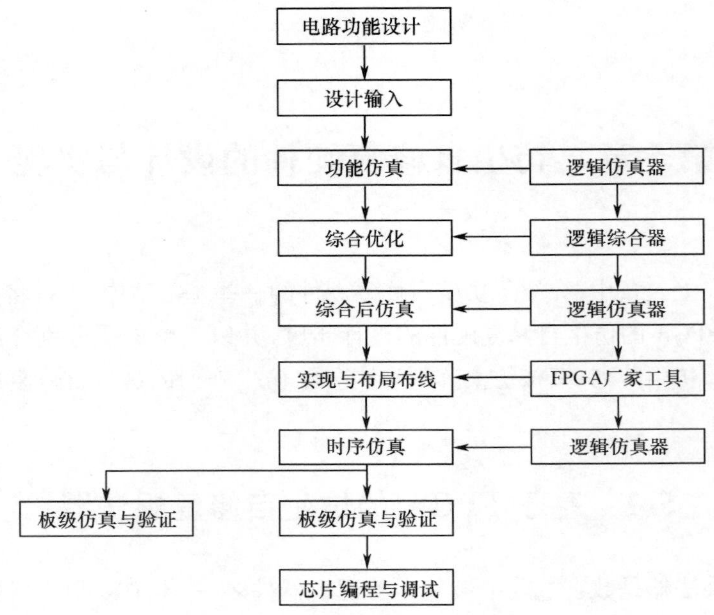

图 5.1　FPGA 典型设计流程

2）设计输入

设计输入是将所设计的系统或电路以开发软件要求的某种形式表示出来，并输入给 EDA 工具的过程。较简单的设计以前常用原理图的方式，目前常用的方法是使用硬件描述语言，如 VHDL、Verilog HDL。

3）功能仿真

功能仿真也称为前仿真，是在编译之前对用户所设计的电路进行逻辑功能验证，此时的仿真没有延迟信息，仅对初步的逻辑功能进行检测。

4）综合优化

综合优化包括综合和优化两小步，但这两步经常是相互交织，不具体详细区分，综合主要指将层次化的设计平面化，转换为电路模块及其相互连接，供 FPGA 布局布线软件实施。优化则是指对综合结果进行优化，以满足特定的约束，或提高性能。

5）综合后仿真

综合后仿真检查综合结果是否和原设计一致。在仿真时，把综合生成的标准延时文件反标注到综合仿真模型中去,可估计门延时带来的影响。在不是很复杂的工程设计中,一般省略该步骤。

6）实现与布局布线

布局布线可理解为利用实现工具把逻辑映射到目标器件结构的资源中,决定逻辑的最佳布局,选择逻辑与输入输出功能链接的布线通道进行连线,并产生相应文件(如配置文件与相关报告),实现是将综合生成的逻辑网表配置到具体的 FPGA 芯片上,布局布线是其中最重要的过程。

7）时序仿真

时序仿真也称为后仿真,是指将布局布线的延时信息反标注到设计网表中以检测有无时序违规(即不满足时序约束条件或器件固有的时序规则,如建立时间、保持时间等)现象。

8）板级仿真与验证

板级仿真主要应用于高速电路设计中,对高速系统的信号完整性、电磁干扰等特征进行分析,一般都以第三方工具进行仿真和验证。

9）芯片编程与调试

设计的最后一步就是芯片编程与调试。芯片编程是指产生使用的数据文件为数据流文件,然后将编程数据下载到 FPGA 芯片中进行实际的测试。

2. 仿生电子阵列实现步骤

从本质上说,仿生电子阵列是一种新型的可编程配置系统,可以根据配置信息的改变,实现不同的功能。从这个角度看,仿生电子阵列的设计与 FPGA 的设计具有相似性。

基于此,本小节给出基于 FPGA 的仿生电子阵列的开发步骤,主要包括电路功能设计、阵列及细胞结构设计、电路功能分解、布局、布线、配置信息生成、阵列的 FPGA 实现、电路逻辑功能实现等步骤,如图 5.2 所示。由于仿生电子阵列与 FPGA 本质上的相似性,发生电子阵列的开发步骤与 FPGA 的开发步骤具有一定的相似性,图 5.2 中还给出了各步骤与 FPGA 开发步骤的对比。

1）电路功能设计

根据实际的系统功能,得到仿生电子阵列需要实现的逻辑功能。

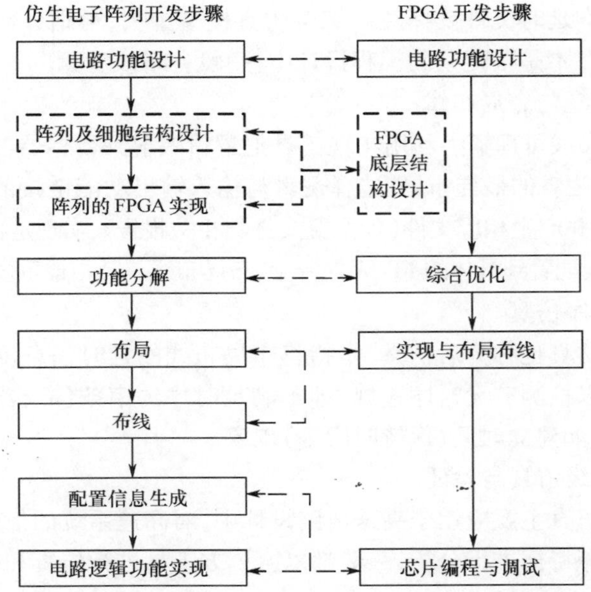

图 5.2 仿生电子阵列开发步骤

这与 5.1.1 小节的 1 中 FPGA 设计中步骤 1 完全相同。

2）阵列及细胞结构设计

设计仿生电子阵列及仿生细胞结构。如果已有现成结构，或者使用专用芯片实现，则跳过该步骤。

3）阵列的 FPGA 实现

这一步骤是使用 FPGA 实现仿生自修复硬件的步骤，如果使用专用的仿生自修复芯片，没有该步骤。利用硬件描述语言将仿生电子阵列描述成 FPGA 软件工具能够识别的形式，利用 5.1.1 小节的 1 中步骤 3~9 将仿生电子阵列在 FPGA 上实现，即将 FPGA 配置成为一个没有映射逻辑功能和布线的仿生电子阵列。这一步及步骤 2 与 FPGA 开发步骤无关，可以与 FPGA 厂商的 FPGA 底层结构设计相对应。

4）电路功能分解

对步骤 1 中的逻辑电路进行分解，分解到步骤 2 中每个仿生细胞能够实现的基本结构。一般情况下，如果细胞功能太简单，则逻辑电路功能分解较复杂且布线资源开销较大,而细胞功能太强大则细胞结构又十分复杂。故如果需要步骤 2,即需要设计仿生细胞,则该步骤可与步骤 2 交替进行,相互折中。该步骤类似于 FPGA 开发步骤中的逻辑综合。

5）布局

将步骤 4 得到的分解后的逻辑结构映射到仿生电子阵列的功能单元,计算功能单元的配置信息。

6）布线

利用布线资源将每个细胞的功能单元连接,计算布线资源的配置信息。有时为了叙述方便,也将该步骤与步骤 5 合并,统称为布局布线。布局布线与 FPGA 设计中的布局布线步骤相对应。

7）配置信息生成

根据仿生电子阵列的定义规则(如编码方式),计算细胞的配置信息。在 FPGA 开发过程中,类似的过程是开发软件根据具体的 FPGA 器件,生成对应于该 FPGA 的配置(流)文件。

8）电路逻辑功能实现

将步骤 7 中生成的配置信息写入仿生电子阵列,完成仿生电子阵列细胞的功能分化、工作模式配置及阵列的布局布线等,最终完成整个阵列的功能配置,实现预定电路。该步骤类似 FPGA 开发步骤中的 FPGA 芯片编程。

这里需要说明的是,上述仿生电子阵列的实现步骤中,并没有给出与 FPGA 开发过程中类似于各仿真步骤的工作。主要因为上述工作目前主要由手工完成,还没有达到能够仿真的地步。实现上述步骤的自动化,并添加仿真等功能,也是需要进一步开展的工作。

5.1.2　乘法器详细设计步骤与结果分析

上一小节介绍了基于 FPGA 的仿生电子阵列设计的步骤,本节以 4 ×4 的乘法器为例,介绍仿生电子阵列的实现步骤。

1. 详细设计步骤

1）电路功能设计

根据任务要求,需要设计一个真核仿生自修复无符号乘法器,乘法

器的输入位宽为4位,输出为8位,下文简称为4×4乘法器,具体表示如式(5.1),即

$$X * Y = Z \tag{5.1}$$

$$X = X[3:0] = \{x_3, x_2, x_1, x_0\} \tag{5.2}$$

$$Y = Y[3:0] = \{y_3, y_2, y_1, y_0\} \tag{5.3}$$

$$Z = Z[7:0] = \{z_7, z_6, z_5, z_4, z_3, z_2, z_1, z_0\} \tag{5.4}$$

X 从高位到低位的4位分别记为 x_3、x_2、x_1、x_0;Y 从高位到低位的4位分别记为 y_3、y_2、y_1、y_0;Z 从高位到低位的8位分别记为 z_7、z_6、z_5、z_4、z_3、z_2、z_1、z_0。

2)阵列及细胞结构设计

在第4章中,详细介绍了真核仿生阵列的实现结构。本乘法器就使用第4章中论述的结构。阵列的重构机制采用列移除。

3)功能分解

4×4乘法器的功能可以由图5.3所示结构实现。可以看出,实现4×4的乘法器需要16个与门和12个1位全加器。

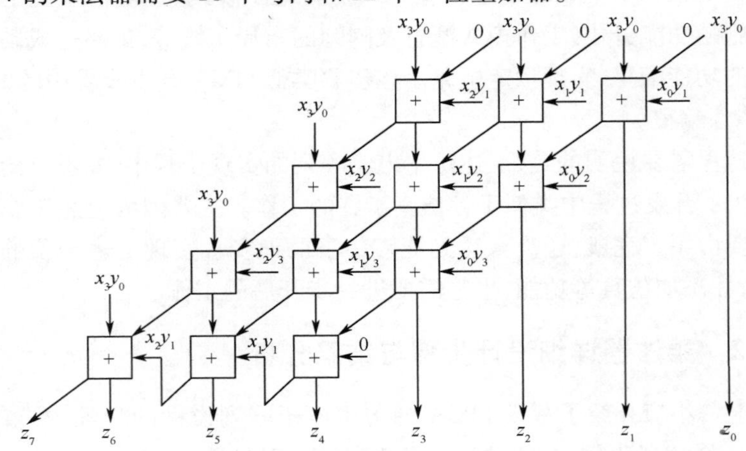

图5.3 乘法器功能分解

第4章中图4.15所述的功能模块包括一个4输入2输出LUT、2个D触发器,每个功能模块能够实现一个全加器或者两个与门,具体

原理如图 5.4 所示，图中 in0、in1、in2、in3 为查找表的 4 个输入，out0、out1 为查找表的 2 个输出。

实现带进位的加法如图 5.4(a)所示，其中 a、b 为加数与被加数，cin 为进位输入，c 为相加结果，cout 为进位输出，可用公式表示为

$$\begin{aligned}\{\mathrm{cout},\mathrm{c}\} &= \mathrm{a}+\mathrm{b}+\mathrm{cin}\\ \{\mathrm{out1},\mathrm{out0}\} &= \mathrm{in1}+\mathrm{in2}+\mathrm{in0}\end{aligned} \tag{5.5}$$

实现的两个与门如图 5.4(b)所示，实现的逻辑可用公式简记为

$$\mathrm{in0\&in1}=\mathrm{out0},\quad \mathrm{in2\&in3}=\mathrm{out1} \tag{5.6}$$

根据上述分析可知，实现该乘法器需要 20 个细胞。

in0/cin
in1/a
in2/b
+
out0/c
out1/cout
in0/a
in1/b
in2/c
in3/d
&
&
out0/a&b
out1/c&d

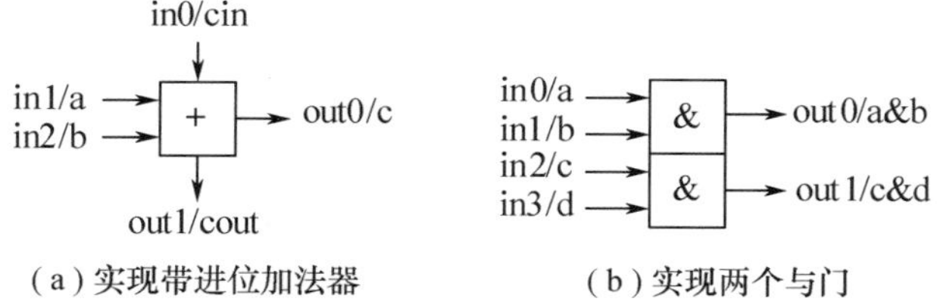

(a) 实现带进位加法器　　(b) 实现两个与门

图 5.4　功能模块实现的逻辑功能

4）布局布线

选择一个如图 5.5 所示的 5 行 6 列的细胞阵列，实现该乘法器。阵列左侧 4 列细胞(图 5.5 中用实线框表示)用作工作细胞，右侧 2 列细胞用作备份(图 5.5 中用虚线框表示)。

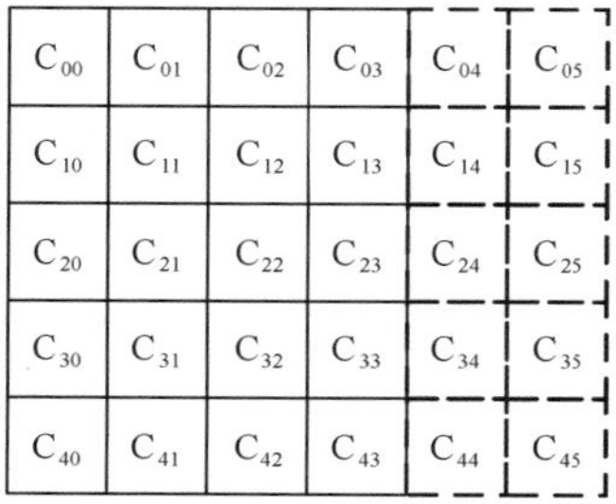

C00 C01 C02 C03 C04 C05
C10 C11 C12 C13 C14 C15
C20 C21 C22 C23 C24 C25
C30 C31 C32 C33 C34 C35
C40 C41 C42 C43 C44 C45

图 5.5　实现 4×4 乘法器细胞阵列

将图 5.3 所示的功能布局到细胞阵列，并完成布线连接，结果如图 5.6 所示（没有画出备份细胞）。图中，细胞内部的各个信号名称与图 5.4 相同，细胞外部的信号名称由图 5.7 给出。

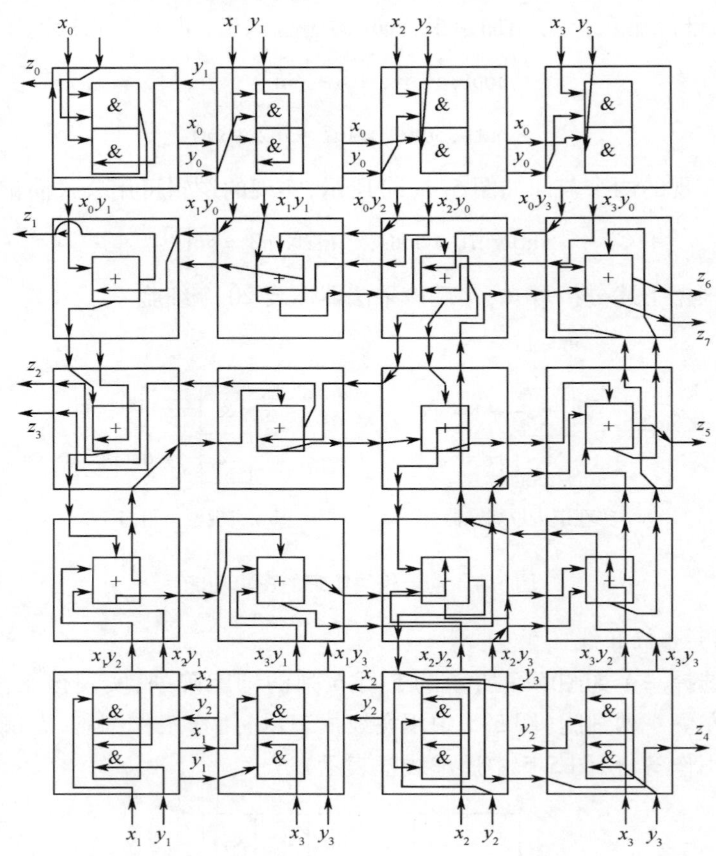

图 5.6　乘法器在胚胎阵列上实现的布局布线

5）配置信息生成

根据上一步的布局布线结果，得到的阵列配置信息如表 5.1 所列。每个细胞的配置信息为 77 位。

6）电路逻辑功能实现

将细胞阵列的实现结构用 Verilog HDL 描述，利用 Xilinx ISE 软件

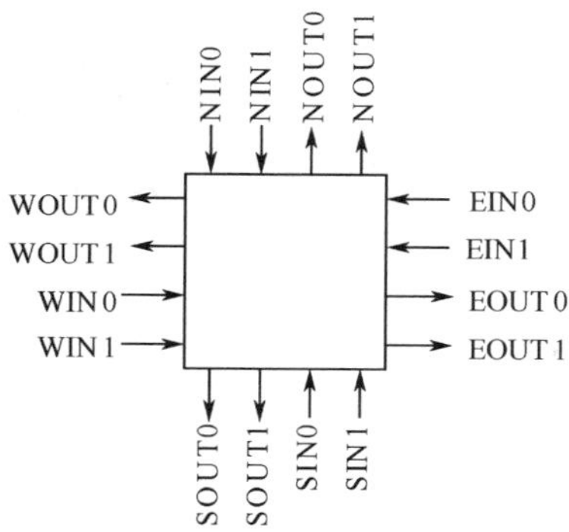

图 5.7　细胞外部各信号名称

进行编译综合、布局布线，生成配置信息并下载到 FPGA 中，将表 5.1 中的配置信息作为 DNA 信息，实现 4×4 乘法器功能。

表 5.1　细胞阵列配置信息

细胞	细胞配置信息
Cell00	77′b01_00_0__0100_0111_0110_0101__101_100_xxx_xxx__xxx_xxx_001_000_ __1111_0000_0000_0000__1000_1000_1000_1000
Cell01	77′b11_00_0__0010_0101_0100_0011__xxx_xxx_xxx_xxx__111_110_001_000_ __1111_0000_0000_0000__1000_1000_1000_1000
Cell02	77′b10_00_0__0100_0101_0100_0110__000_101_xxx_xxx__101_100_001_000 ___1111_0000_0000_0000__1000_1000_1000_1000
Cell03	77′b11_00_0__0100_0010_0100_0101__xxx_011_xxx_xxx__xxx_101_001_000_ __1111_0000_0000_0000__1000_1000_1000_1000
Cell10	77′b00_00_0__0000_0100_0101_1000__xxx_111_xxx_xxx__xxx_xxx_xxx_000_ __xxxx_xxxx_1110_1000__xxxx_xxxx_1001_0110
Cell11	77′b00_00_0__0010_0100_0101_1000__111_110_xxx_xxx__xxx_xxx_xxx_xxx_ __xxxx_xxxx_1110_1000__xxxx_xxxx_1001_0110
Cell12	77′b00_00_0__0010_0000_0100_1000__101_111_xxx_100__xxx_xxx_011_110 ___xxxx_xxxx_1110_1000__xxxx_xxxx_1001_0110
Cell13	77′b00_00_0__0011_0010_0100_1000__xxx_xxx_xxx_xxx__xxx_101_001_000_ __xxxx_xxxx_1110_1000__xxxx_xxxx_1001_0110

（续）

细胞	细 胞 配 置 信 息
Cell20	77'b00_00_0__1000_0000_0001_1000__xxx_100_xxx_101__110_010_xxx_xxx___xxxx_xxxx_1110_1000__xxxx_xxxx_1001_0110
Cell21	77'b00_00_0__0010_1000_0110_1000__xxx_111_xxx_xxx__xxx_010_xxx_xxx___xxxx_xxxx_1110_1000__xxxx_xxxx_1001_0110
Cell22	77'b00_00_0__0001_1000_0010_1000__101_111_xxx_100__xxx_000_xxx_100___xxxx_xxxx_1110_1000__xxxx_xxxx_1001_0110
Cell23	77'b00_00_0__0010_0011_0100_1000__xxx_110_xxx_xxx__xxx_xxx_001_101___xxxx_xxxx_1110_1000__xxxx_xxxx_1001_0110
Cell30	77'b00_00_0__0000_0110_1000_1000__xxx_xxx_111_101__xxx_010_xxx_xxx___xxxx_xxxx_1110_1000__xxxx_xxxx_1001_0110
Cell31	77'b00_00_0__0110_0001_0111_1000__xxx_111_xxx_xxx__010_000_xxx_xxx___xxxx_xxxx_1110_1000__xxxx_xxxx_1001_0110
Cell32	77'b00_00_0__0010_0110_0111_1000__xxx_100_101_100__001_000_xxx_xxx___xxxx_xxxx_1110_1000__xxxx_xxxx_1001_0110
Cell33	77'b00_00_0__0101_0100_0010_1000__111_110_xxx_xxx__001_000_xxx_xxx___xxxx_xxxx_1110_1000__xxxx_xxxx_1001_0110
Cell40	77'b00_00_0__0000_0001_0000_0110__001_000_xxx_101__xxx_010_xxx_xxx___1111_0000_0000_0000__1000_1000_1000_1000
Cell41	77'b00_01_0__0000_0011_0000_0001__011_010_101_100__xxx_001_xxx_xxx___1111_0000_0000_0000__1000_1000_1000_1000
Cell42	77'b00_10_0__0000_0011_0010_0001__011_010_100_101__xxx_xxx_xxx_xxx___1111_0000_0000_0000__1000_1000_1000_1000
Cell43	77'b00_11_0__0000_0011_0010_0001__xxx_xxx_100_101__xxx_xxx_xxx_xxx___1111_0000_0000_0000__1000_1000_1000_1000
CellN4 – CellN5	77'b00_00_0__xxxx_xxxx_xxxx_xxxx__011_010_xxx_xxx__111_110_xxx_xxx___xxxx_xxxx_xxxx_xxxx__xxxx_xxxx_xxxx_xxxx
注:表中下划线"_"仅为占位使用无意义;x 表示 0 或者 1;N 表示 1、2、3、4	

2. 结果仿真分析

利用 ISIM 软件，对设计的结果进行仿真。下面对 4 ×4 乘法器的仿真结果进行分析。

仿真的结果如图 5.8 至图 5.10 所示。图中，EN 为乘法器输出使能信号，高电平有效；clk 为时钟；X、Y 为乘法器的两个输入，Z 为乘法器的计算结果；OK 表示阵列的工作状态，高电平有效；F_w、F_t、F_d 分别为细胞阵列的细胞故障（本小节均指细胞功能模块和 DNA 中 C_{00} ~ C_{43}配置信息故障）、同列其他细胞故障及“透明配置”出现故障，每个信号为 6 位，每一位对应到阵列相应列各个细胞相应信号的“或”，如 F_w[0]为第 0 列细胞所有故障信号相“或”，F_d[3]对应到第 3 列各细胞“透明配置”故障标志信号相“或”。

图 5.8 表示了细胞的正常工作计算结果，计算的结果在每个时钟 clk 的上升沿更新。从图 5.8 中 X、Y、Z 的值可以看出计算结果正确。例如，在 1164.9ns 时刻，输出结果更新为 28 =4 ×7。由此可知，5.1.2 小节中的乘法器功能分解与布局布线正确，该仿生电子阵列能够完成 4 ×4 乘法器的功能。

图 5.9 给出了细胞故障时的仿真结果。在 3560ns 时刻前，细胞阵列第 0 列和第 2 列中出现故障细胞（F_w =6′b000101），由于细胞有两列备用细胞，阵列工作正常。在 3560ns 时刻，细胞第 5 列出现故障（F_w =6′b100101），在紧跟的一个时钟的上升沿，阵列出现“故障”：输出状态信号 OK =0，计算的结果 Z 无输出（输出为高阻态）。在 3660ns 时刻，第 0 列的故障消失（F_w =6′b100100），又只有两列有故障，阵列功能恢复正常：输出结果在紧跟的时钟上升沿更新，恢复正常：OK =1，$Z = X \times Y$。

图 5.10 给出了“透明配置”出现故障时的仿真结果，与图 5.9 类似，这里不做详细分析。

从仿真的结果可以看出，阵列能够实现预定功能，并具备一定的自修复能力，所介绍的仿生电子阵列设计步骤有效可行。

5.1.3　基于原核仿生阵列的乘法器

在上面的小节中，以一个 4 ×4 乘法器为例详细介绍了基于 FPGA

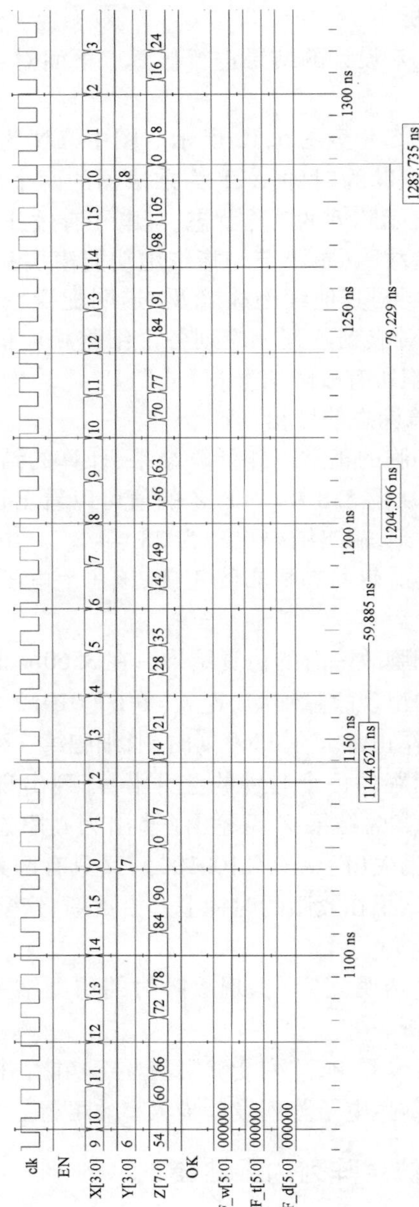

图5.8 阵列正常计算仿真结果

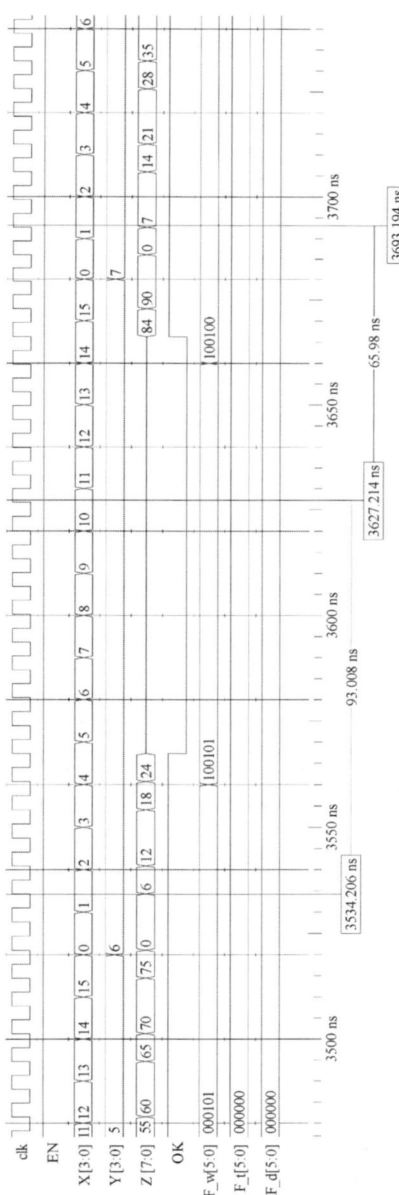

图5.9　细胞故障仿真结果

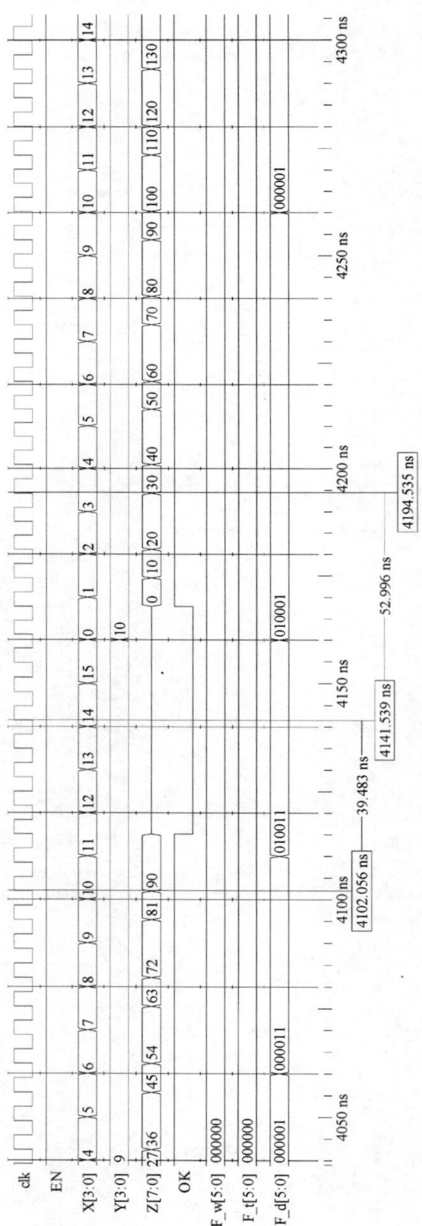

图5.10 “透明配置”故障仿真结果

的仿生电子阵列设计步骤。这一小节,简要介绍文献[98]设计的基于原核仿生阵列的乘法器。

利用图 4.9 所示的阵列结构,设计的内核细胞简化结构如图 4.10 所示,外围细胞简化结构如图 4.24 所示。阵列使用的可配置总线和局部总线的位宽均为 32 位。乘法器的功能分解与 5.1.2 小节图 5.3 相同。

这里重点介绍一下基因压缩。假定阵列的基因十进制表示为

$$G = \{47,46,63,74,51,98,76,74,62,49,78,65\} \tag{5.7}$$

那么可以将整个阵列的基因分为 4 组,分别是

$$\begin{cases} G_{C1} = \{47,46,51,49\} \\ G_{C2} = \{63,62,65\} \\ G_{C3} = \{74,76,74,78\} \\ G_{C4} = \{98\} \end{cases} \tag{5.8}$$

这里分析第 3 组基因,即 G_{C3}。该组细胞基因的二进制表示为

$$\begin{cases} C_{CV31} = 74_{10} = 1001010_2 \\ C_{CV32} = 76_{10} = 1001100_2 \\ C_{CV33} = 74_{10} = 1001010_2 \\ C_{CV34} = 78_{10} = 1001110_2 \end{cases} \tag{5.9}$$

这几个基因只有权为 2^1、2^2 的两位不相同,于是可以定义该组基因的公共参考值为 $1001\mathrm{xx}0_2$,差分参量为 $\Delta g(\mathrm{xx})$,定义该组细胞的公共参考值和差分参量为

$$C_{SV3} = 1001000_2 \tag{5.10}$$

$$\begin{cases} \Delta g_{31} = 01_2 \\ \Delta g_{32} = 10_2 \\ \Delta g_{33} = 01_2 \\ \Delta g_{34} = 11_2 \end{cases} \tag{5.11}$$

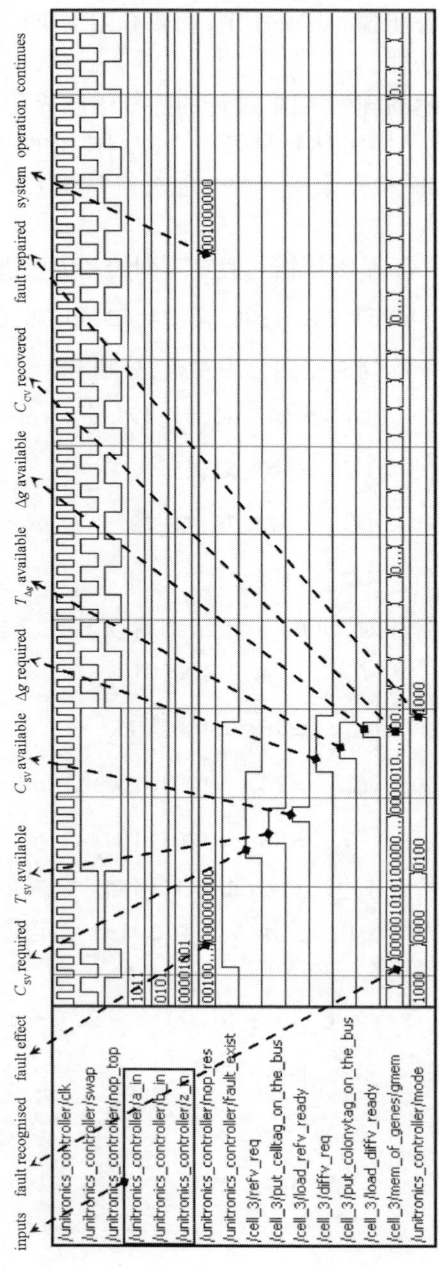

图5.11　原核仿生4×4乘法器自修复仿真

因此,参考值和基因可以通过以下公式相互计算,即

$$\begin{cases} C_{\mathrm{SV3}} = C_{\mathrm{CV3}i} \oplus \Delta g_{3i} & i=1,2,3,4 \\ C_{\mathrm{CV3}i} = C_{\mathrm{SV3}} \oplus \Delta g_{3i} & i=1,2,3,4 \end{cases} \tag{5.12}$$

式中:$\oplus$表示按位作导或运算。细胞的 $\Delta g_{3i}(i=1,2,3,4)$ 可以通过多模冗余保证可靠性。假定某时刻第3组第4个细胞的基因 B_{v34} 发生软故障,则可以通过该组的第1个细胞获得该组细胞的参考值,然后根据差分参量计算得到细胞的配置信息,计算式为

$$\begin{cases} C_{\mathrm{SV3}} = C_{\mathrm{CV31}} \oplus \Delta g_{31} = 1001010_2 \oplus 0000010_2 = 1001000_2 \\ C_{\mathrm{CV34}} = C_{\mathrm{SV3}} \oplus \Delta g_{34} = 1001000_2 \oplus 0000110_2 = 1001110_2 \end{cases} \tag{5.13}$$

通过式(5.12)和式(5.13)的计算,可以将发生错误的细胞基因(配置信息)恢复。

在文献[98]中,给出了对该乘法器进行仿真时,在某时刻给细胞3(cell_3)注入一个故障的仿真结果,如图5.11[98]所示。图中,a_in、b_in、z_in 为输出信号,nop_res 为计算结果,实现的计算为

$$\mathrm{nop\_res} = \mathrm{a\_in} * \mathrm{b\_in} + \mathrm{z\_in} \tag{5.14}$$

$$001000000 = 1011 * 0101 + 00001001 \tag{5.15}$$

在 fault recognised 时刻,故障被检查到,fault exist 信号变为高电平,表示故障存在。经过内部的系列处理,到 fault repaired 时刻,故障修复,fault exist 变为低电平。到了 system operation continues 时刻,系统的计算能力恢复。更为详细地解释,请参阅文献[98]。

5.2 基于真核仿生阵列的 FIR 滤波器[99]

FIR 滤波器具有稳定性好、线性相位、结构简单等优点,在数字信号处理中得到广泛的应用。在航天产品中,数字信号处理比较多,对 FIR 滤波器也有较大需求。研究具有较强环境适应能力,具有自修复能力的 FIR 滤波器,对提高航天电子装备、特别是数字信号处理器的可靠性具有重要意义。此外,FIR 滤波器包含乘、加等数字信号处理电路的基本结构,研究具有自修复能力的 FIR 滤波器,对实现数字信号处理

电路的在线自修复与容错也具有一定的参考意义和实用价值。本节介绍基于真核仿生阵列的 FIR 滤波器。

5.2.1 FIR 滤波器及其实现结构

1. FIR 滤波器基本原理

滤波器是信号处理中最常用的模块，由于数字技术的发展，数字信号处理器的应用也越来越广泛。数字滤波器的系统函数可以表示为

$$H(z) = \frac{\sum_{k=1}^{n} b_k z^{-k}}{1 - \sum_{k=1}^{n} a_k z^{-k}} = \frac{Y(z)}{X(z)} \tag{5.16}$$

直接由 $H(z)$ 得出表示输入输出关系的常系数线性差分方程为

$$y(n) = \sum_{k=1}^{n} a_k y(n-k) + \sum_{k=0}^{m} x(n-k) \tag{5.17}$$

可以看出，数字滤波器是按照式(5.17)把输入序列变换成输出序列。对因果 FIR 滤波器，其系统函数除 $z=0$ 的极点外，仅有零点，并且因为系数 a_k 全为零，所以式(5.2)的差分方程就简化为

$$y(n) = \sum_{k=0}^{m} b_k x(n-k) \tag{5.18}$$

式(5.18)可以认为是 $x(n)$ 与单位脉冲响应 $h(n)$ 的直接卷积，记 $m=N$，有

$$y(n) = x(n) * h(n) = \sum_{k=0}^{N-1} h(k) x(n-k) \tag{5.19}$$

通过 Z 变换可以将其表示为

$$H(z) = \sum_{k=0}^{N-1} h(k) z^{-i} = \frac{h(0)z^{N} + h(1)z^{N-1} + \cdots + h(N-1)z}{z^{N}} \tag{5.20}$$

可以看出，FIR 滤波器只在原点处存在极点，这使得 FIR 滤波器具有全局稳定性。FIR 滤波器是由一个“抽头延迟线”加法器和乘法器的集合构成的，每一个乘法器的操作系数就是一个 FIR 系数。因此，也被人们称为“抽头延迟线”结构。

2. FIR 滤波器的实现结构[28, 100]

FIR 数字滤波器的实现一般有 4 种网络结构,即直接型、转置型、级联型和频率采样型。

1）直接型

直接型也称卷积型或横截型。称为卷积型,是因为差分方程是信号的卷积形式;称为横截型,是因为滤波器是一条输入 $x(n)$ 延时链的横向结构。直接型 FIR 滤波器差分方程为

$$y(n) = \sum_{k=0}^{N-1} h(k)x(n-k) \tag{5.21}$$

式中,$x(n)$为输入序列;$y(n)$为输出序列;$h(k)$为单位采样响应。

直接型的优点是简单、直观;缺点则是调整零点较难。

图 5.12 所示为一个 N 阶直接型 FIR 数字滤波器的结构。可以看出,FIR 数字滤波器由一个“抽头延迟线”加法器和乘法器的集合构成,传给每个乘法器的操作数就是一个 FIR 滤波器系数,也可称为“抽头权重”,这种结构的 FIR 数字滤波器有时也称为“横向滤波器”。

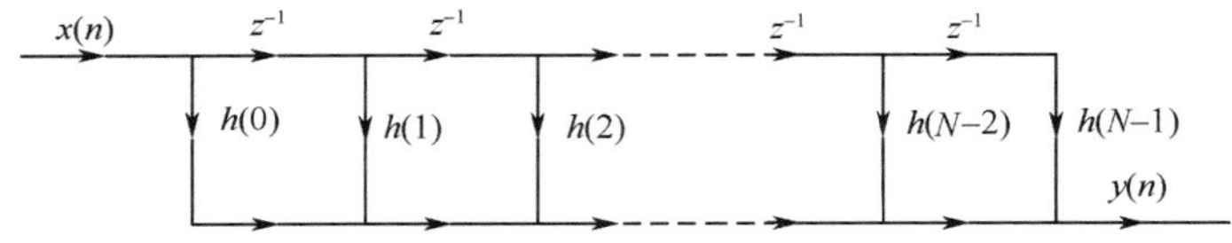

图 5.12　直接型 FIR 滤波器结构

如果 FIR 数字滤波器的单位脉冲响应 $h(n)$ 为实数,$h(n)$满足偶对称或者奇对称,即 $h(n)=h(N-1-n)$或者 $h(n) = -h(N-1-n)$,则滤波器具有线性相位特性。

若 $h(n)=h(N-1-n)$,当 N 为偶数时,系统函数 $H(z)$可表示为

$$H(z) = \sum_{n=0}^{N/2-1} h(n)\left[z^{-n} + z^{-(N-1-n)}\right] \tag{5.22}$$

当 N 为奇数时,系统函数 $H(z)$则可表示为

$$H(z) = \sum_{n=0}^{(N-3)/2} h(n)\left[z^{-n} + z^{-(N-1-n)}\right] + h\left(\frac{N-1}{2}\right)z^{-(N-1)/2} \tag{5.23}$$

对于 $h(n) = -h(N-1-n)$ 这种情况,只需将式(5.22)和式

(5.23)中方括号中的“+”改为“-”即可。

由式(5.22)和式(5.23)可见:当 N 取偶数时,实现 $H(z)$ 只需要 $N/2$ 次乘法;当 N 取奇数时,实现 $H(z)$ 只需要 $(N+1)/2$ 次乘法。即在实现滤波器的硬件电路时,乘法的次数可以减半,降低了电路的开销。按照式(5.22)和式(5.23)得出的 FIR 滤波器网络结构如图 5.13 和图 5.14 所示,即 FIR 数字滤波器的线性相位型网络结构。

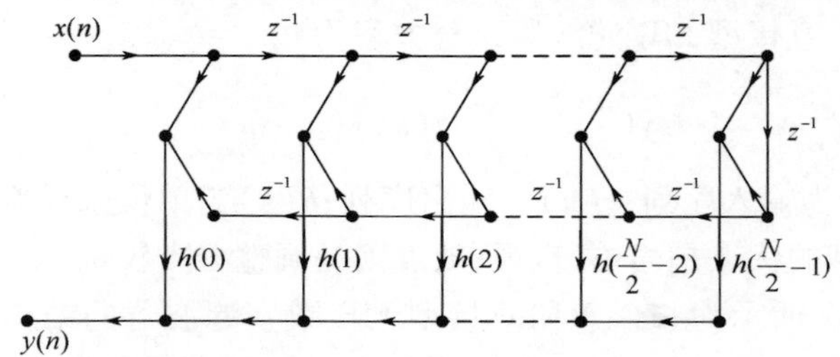

图 5.13　N 取偶数线性相位 FIR 滤波器结构

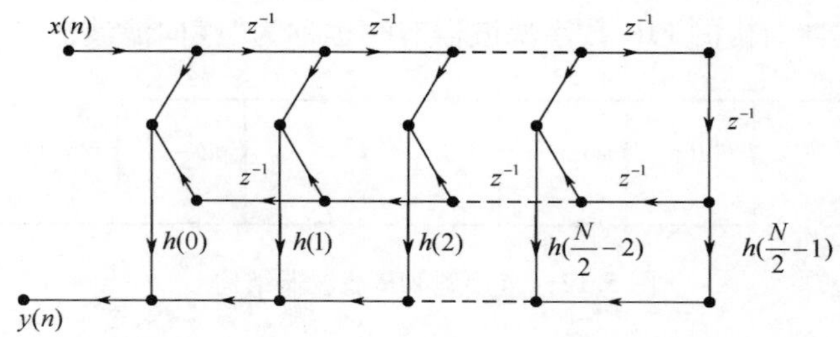

图 5.14　N 取奇数线性相位 FIR 滤波器结构

2) 转置型

如果将所示网络中所有的支路方向倒转,并将输入 $x(n)$ 和输出 $y(n)$ 相互交换,则其系统函数 $H(z)$ 不变。这样,可以得出 FIR 的转置型,其结构如图 5.15 所示。

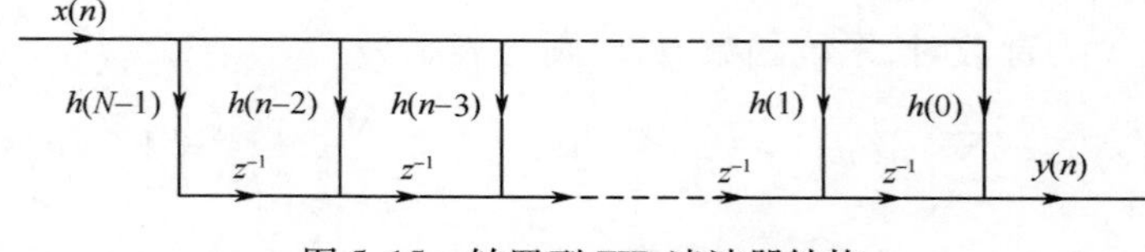

图 5.15　转置型 FIR 滤波器结构

3）级联型

当需要控制滤波器的传输零点时，可将传递函数分解为二阶实系数因子的形式，即

$$H(z) = \prod_{k=1}^{N/2} (\beta_{0k} + \beta_{1k}z^{-1} + \beta_{2k}z^{-2}) \tag{5.24}$$

式中：$H(z)$为$h(n)$的z变换；β_{0k}、β_{1k}、β_{0k}为实数。

这种结构每一节控制一对零点，因而在需要控制传输零点时可以采用。但相应的滤波系数增加，乘法运算次数增加，需要较多的存储器，运算时间也比直接型增加。

4）频率采样型

频率采样型结构是一种用系数将滤波器参数化的一种实现结构。一个有限长序列可以由相同长度频域采样值唯一确定。

系统函数在单位圆上作N等分取样就是单位取样响应$h(n)$的离散傅里叶变换$H(k)$。$H(k)$与系统函数之间的关系可用内插公式表示，即

$$H(z) = (1/N)(1 - z^{-N}) \sum_{k=0}^{N-1} \frac{H(k)}{1 - W_N^{-k}z^{-1}} \tag{5.25}$$

式中：$W_N^k = \exp\left(-jk\frac{2\pi}{N}\right)$。由上可看出，FIR系统可用一子FIR系统和一子IIR系统级联而成。

这个结构：选频性好，适于窄带滤波，这时大部分$H(k)$为零，只有较少的二阶子网络；不同的FIR滤波器，若长度相同，可通过改变系数用同一个网络实现，复用性较好；但是具体实现时难免存在误差，零点、极点可能不能正好抵消，造成系统不稳定；结构复杂，存储器使用较多。

3. 各种实现结构的性能分析

如上一小节所述，FIR滤波器通常有直接型、转置型、级联型、频率抽样型等几种结构。当用有限精度数值表示滤波器的系数时，实际系数会偏离理论系数，对FIR滤波器而言，会导致系统函数的零点发生偏移，影响滤波器的性能。

下面分析系数的偏离对零点偏移的影响。假设FIR滤波器系统函

数的零点 z 都是一阶零点,则有

$$H(z) = 1 - \sum_{n=1}^{N-1} h(n) z^{-n} = \prod_{i=1}^{N-1} (1 - z_i z^{-1}) \tag{5.26}$$

若用 $\Delta h(n)$ 表示系数的偏差,Δz_i 表示零点的偏差,则第 i 个零点的偏差可用系数的偏差表示为

$$\Delta z_i = \sum_{n=1}^{N-1} \frac{\partial z_i}{\partial h(n)} \Delta h(n) \tag{5.27}$$

由此式可以看出,$\frac{\partial z_i}{\partial h(n)}$ 的大小决定着 $\Delta h(n)$ 对 Δz_i 的影响程度,故将其定义为 z_i 对系数 $h(n)$ 的灵敏度,对式(5.27)求导,有

$$\left(\frac{\partial H(z)}{\partial h(n)}\right) = \left(\frac{\partial H(z)}{\partial z_i}\right)_{Z=z} \cdot \frac{\partial z_i}{\partial h(n)} \tag{5.28}$$

经过变形就可以得到

$$\frac{\partial z_i}{\partial h(n)} = \frac{z_i^{N-1-n}}{\prod\limits_{j=1,j=i}^{N-1} (z_i - z_j)} \tag{5.29}$$

由此式可得到结论:若零点越密集,则零点对系数量化误差的灵敏度就越高,而且密集的零点数越多,灵敏度越高。

在进行滤波器设计时总是希望灵敏度越低越好,在滤波器的阶数很高的情况下,一般采用级联型结构可以获得低灵敏度。对大多数线性相位 FIR 滤波器来说,零点在两平面内或多或少是均匀铺开的,从而使滤波器对系数量化误差的灵敏度很低,使采用直接型结构都能获得准确的线性相位;此外,移位寄存器存储的是位宽较小的输入数据,当 FIR 滤波器为线性相位时,可以利用其系数对称的特点,将乘法器个数减半,加法器个数不变。因此,大多数情况下,采用直接型结构。

5.2.2 FIR 滤波器的仿生电子阵列实现基础

1. FIR 滤波器的参数确定[28]

开展基于仿生电子阵列的 FIR 滤波器设计,首先要设计一个 FIR

滤波器,本小节从指标确定、结构选择、系数计算、位宽确定等方面具体设计一个 FIR 滤波器。

1）FIR 滤波器指标确定

在本例中,将 FIR 滤波器设计为低通滤波器,其主要参数如表 5.2 所列。

表 5.2　FIR 滤波器参数

滤波器类型	低通 FIR 滤波器
通带带宽/截止频率:W_n	0.15
阶数:N	5
阻带衰减:A_{max}	10dB

2）结构选择

本设计选择如图 5.12 所示直接结构实现该 FIR 滤波器。

3）系数计算

FIR 滤波器的主要设计方法是建立在对理想滤波器频率特性做某种近似的基础上的,这些近似方法有窗函数法、频率抽样法和最佳一致法。其中,窗函数法是一种基本的设计方法,其设计方法较为成熟。MATLAB 中提供了专门的函数,即

$$h = \text{fir1}(N, W_n, '\text{type}') \tag{5.30}$$

该函数可以设计标准的加窗线性相位 FIR 滤波器,其中 N 为滤波器阶数,W_n 为通带带宽($0 \leqslant W_n \leqslant 1$),'type'为滤波器类型,默认为低通滤波器,返回值 h 为滤波器的系数。

使用默认的低通滤波器,将表 5.2 所列的参数代入式(5.30),有

$$h = \text{fir1}(5, 0.15) \tag{5.31}$$

得到返回的滤波器系数如表 5.3 所列。

表 5.3　FIR 滤波器系数

系数	系数值	系数	系数值
$h(0)$	0.0235	$h(3)$	0.3392
$h(1)$	0.1372	$h(4)$	0.1372
$h(2)$	0.3392	$h(5)$	0.0235

由于设计最终要采用 FPGA 实现,但 FPGA 更适合处理二进制数,因此要将小数转换为有限位二进制数的问题,即有限字长问题,用有限字长来表示输入和输出信号、滤波器系数及算术运算的结果。在这种情况下,需要分析量化对滤波器性能的影响。若要在硬件实现,仅分析量化后单位脉冲响应系数的有限字长对性能的影响即可。

用直接形式设计的低通 FIR 滤波器,采用舍入量化系数,当量化位宽为 B 时,最大的阻带衰减为

$$A_{\max} < -20\log_{10}(2^{-B}N) \tag{5.32}$$

可以推导得到

$$B > -\log_2\left(\frac{10^{-\frac{A_{\max}}{20}}}{N}\right) \tag{5.33}$$

将表 5.2 中的 $A_{\max}$ 和 N 代入,可以得到

$$B > -\log_2\left(\frac{10^{-\frac{A_{\max}}{20}}}{N}\right) = -\log_2\left(\frac{10^{-\frac{10}{20}}}{5}\right) = 3.983 \tag{5.34}$$

于是,取 $B=4$ 即可以满足要求,即所要求的系数字长为 4 位。将每个系数都乘以 2^3,然后将结果舍入到最接近的整数,使得量化前和量化后滤波器的响应差别很小,结果如表 5.4 所列。

表 5.4 量化后的 FIR 滤波器系数

系数	二进制系数值	十进制系数值	系数	二进制系数值	十进制系数值
$h(0)$	0001	1	$h(3)$	1011	11
$h(1)$	0100	4	$h(5)$	0100	4
$h(2)$	1011	11	$h(6)$	0001	1

4）输入位宽确定

当 FIR 滤波器的输入端量化达到 3 位时,理论上就足够了,再增加量化比特位数并不能明显改善系统的性能。为了留有一点冗余空间保证滤波器的性能,本书确定 FIR 滤波器输入端位宽为 4 位。

2. FIR 滤波器相关逻辑功能分布式实现原理

从式(5.21)和图 5.12 可知,累乘加运算及移位存储是 FIR 滤波器中的主要操作,即 FIR 滤波器主要通过乘法器、加法器和移位寄存器

来实现。

1）乘法器的功能分解

乘法计算器是 FIR 滤波器的重要组成部分，在细胞阵列中实现乘法器是细胞基于细胞阵列实现 FIR 滤波器的重要内容。乘法器的实现方式一般有两种：硬件乘法器和查找表（Look - Up Table, LUT）。

（1）LUT 实现乘法需要大量的存储器，特别是乘数位宽比较大时，但是 LUT 实现乘法比硬件乘法器快。

（2）LUT 实现乘法，结果每一位由独立的 LUT 决定，因此容易实现乘法器的分解。

（3）本设计的乘法器输入位宽只有 4 位，相对较少。另外，由于是常系数乘法（滤波系数 h 不变），使用 LUT 实现时可以不改变 LUT 的内容。

（4）FPGA 中包含大量的 LUT，而包含的硬件乘法器数量则有限且一般较少。

综上，选用 LUT 实现乘法。

在输入 x 量化位宽确定的情况下，乘法器的输出位宽由滤波器参数 h 的位宽决定，对于乘法器的多位输出，可以根据需要分解到不同的细胞，其原理如图 5.16 所示：乘数为 x 和 h，相乘的结果为 $y=\{y(nk+k-1),\cdots,y(2),y(1),y(0)\}$。

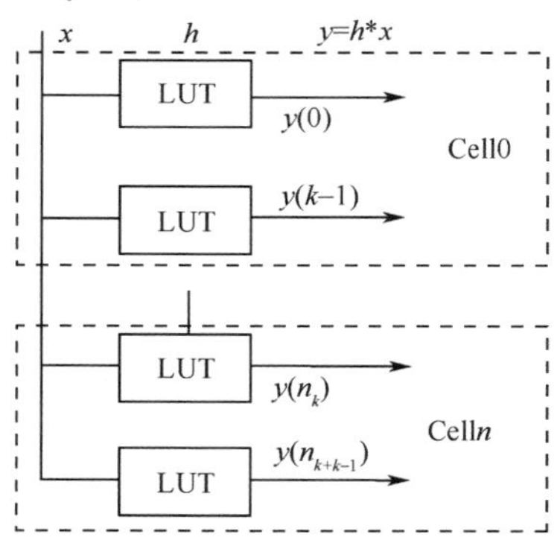

图 5.16　LUT 乘法器的分解

2）加法器的功能分解

容易知道，高位宽的加法器可以通过低位宽的加法器（全加器）得到。相反地，高位宽的加法器可以分解为多个低位宽的加法器级联。图 5.17 给出了加法器分解的基本原理：进位输入为 c_0，加数为 $x = \{x_k, \cdots, x_1, x_0\}$ 和 $y = \{y_k, \cdots, y_1, y_0\}$，相加的结果为 $z = \{z_k, \cdots, z_1, z_0\}$，进位输出为 c_{k+1}。

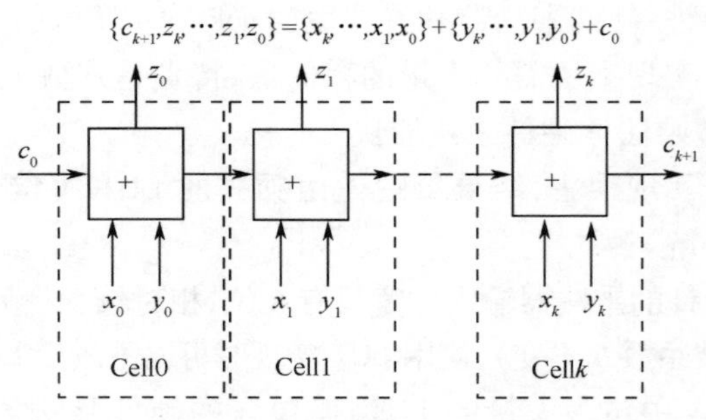

图 5.17　加法器级联原理

3）信号的存储与延迟

在 FPGA 内部，信号的存储可以利用专门的块 RAM（Block RAM）、分布式 RAM（Distribute RAM）和触发器。根据 FIR 滤波器的计算公式，需要对信号进行移位延迟，可以使用移位寄存器实现。移位寄存器的实质，是串联的触发器。对于数据的多位宽，可以使用多个触发器并联，其基本原理如图 5.18 所示。图中 D 表示触发器。

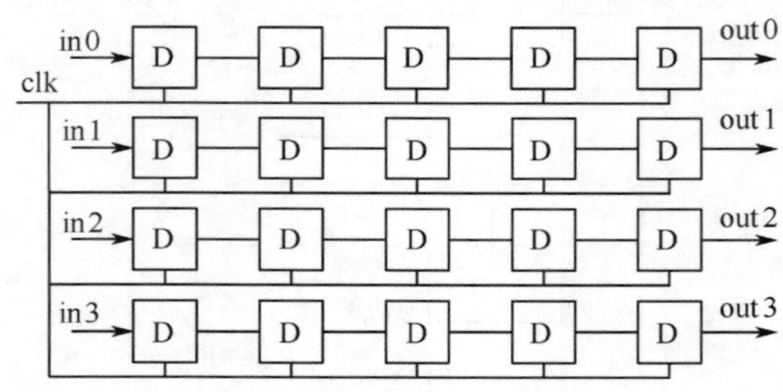

图 5.18　触发器级联原理

5.2.3　仿生自修复 FIR 滤波器设计

进行基于真核仿生阵列的 FIR 滤波器设计，可以将滤波器的功能分解为细胞能够实现的子功能,将功能映射到细胞功能模块,进而用整个真核仿生阵列实现滤波器。细胞的结构可以使用第4章中提及的各种结构,也可以针对特定应用进行细胞结构的优化。

在本小节中,根据所需要设计的FIR滤波器,对细胞结构进行优化设计,并对阵列结构及其工作原理进行介绍。

1. 面向FIR滤波器的细胞设计

综合考虑该FIR滤波器的输入量化位宽、乘法器的分解、加法器的级联、级联加法器的宽度以及细胞周围连线的复用等资源利用率,选取每个细胞包含4输入4输出LUT,用来实现乘法器的4位输出,加法器设计为带进位的4位加法器。最后,设计的细胞结构如图5.19所示[99]。

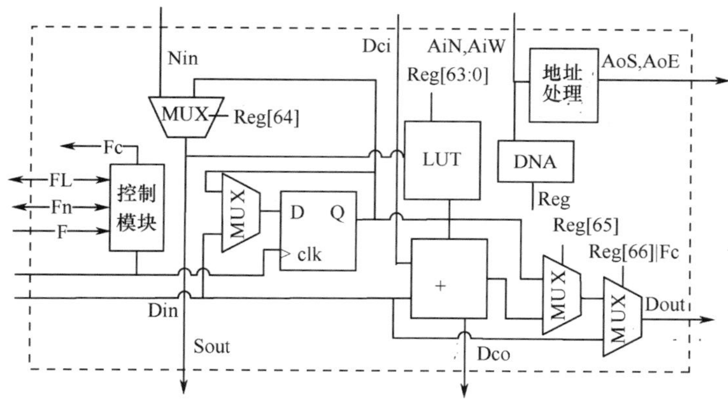

图5.19　FIR滤波器细胞结构

细胞包括地址处理单元、配置存储单元(DNA)、功能模块(包括4输入4输出LUT,带进位的4位加法器和4位D触发器)、控制模块和布线资源(包括图5.19中的4个多路选择器MUX及各个模块之间连线)。

AiN和AiW为细胞的输入地址,AoS和AoE为细胞的输出地址。地址处理单元根据细胞的状态,对输入地址进行处理,计算生成细胞的输出地址,传递给其他细胞。配置存储单元则根据细胞的环境(输入地址)对基因(DNA)进行解录,生成细胞所需要的配置信息Reg,配置细胞的功能模块完成阵列的逻辑功能以及布线资源与周围细胞的数据交换,即完成胚胎细胞的功能分化。

Nin、Din、Dci 为周围细胞传给该细胞的数据(即细胞的输入数据),Sout、Dout 和 Dco 则为细胞传输给周围细胞的数据(即细胞的输出数据)。功能模块中:D 触发器可以完成输入序列 $x(n)$ 的移位,多个细胞内 D 触发器级联工作的基本原理如图 5.18 所示;多个细胞的 LUT 并联组成高速乘法器,其工作原理如图 5.16 所示;多个细胞的 4 位加法器级联完成高位宽的加法运算,基本原理如图 5.17 所示。

控制模块完成细胞的自检测与自修复,并生成有关的状态信号。控制模块检测故障电路(图 5.19 中未画出)发出的故障信号 FL、Fn、F,经过处理后生成故障标示信号 FL、Fn、Fc。FL 表示细胞所在的列是否存在故障细胞;Fn 表示系统是否故障;F 为细胞自检测机制的检测结果;Fc 为细胞内部使用的故障信号。Reg 为配置存储模块地址。

2. 面向 FIR 滤波器的阵列设计

与 4.1.1 节图 4.1 所述细胞阵列相似,将细胞中对应的信号线相连即可构成细胞阵列,如图 5.20 所示[99]。

阵列中,地址线西边 AiW(北边 AiN)输入与东边 AoE(南边 AoS)输出相连,数据线西边 Din(北边 Nin)输入与东边 Dout(南边 Sout)输出相连,进位位 Dci 与 Dco 相连。图中省略了 clk、Fn、FL,所有细胞的 clk、Fn 直接相连,同列细胞的 FL 相连。

阵列前几列工作,后面几列空闲备份。第一行细胞实现移位存储功能;后面 3 行细胞并行工作,同一列的 3 个细胞并联工作实现一次乘累加过程,并行工作原理如 5.2.2 小节的 2 中所述。待滤波数据 $x(n)$ 从左上角细胞输入,经过第一行细胞移位存储。第一行细胞移位存储的结果送到后面 3 行进行乘累加,最终滤波结果 $y(n)$ 直接经过右侧空闲细胞后从 2、3、4 行并行输出。

3. 阵列实现 FIR 滤波器及自修复原理

在图 5.21 所示的胚胎阵列中,每列细胞能够完成图 5.12[99] 中的一次延迟、乘法和加法操作。工作细胞中的第一行构成 4 位宽度的移位寄存器,用 D 触发器完成延迟(移位)操作,待滤波数据 $x(n)$ 从 Din 输入,经 D 触发器 clk 上升沿采样后从 Dout 输出,D 触发器的数据还

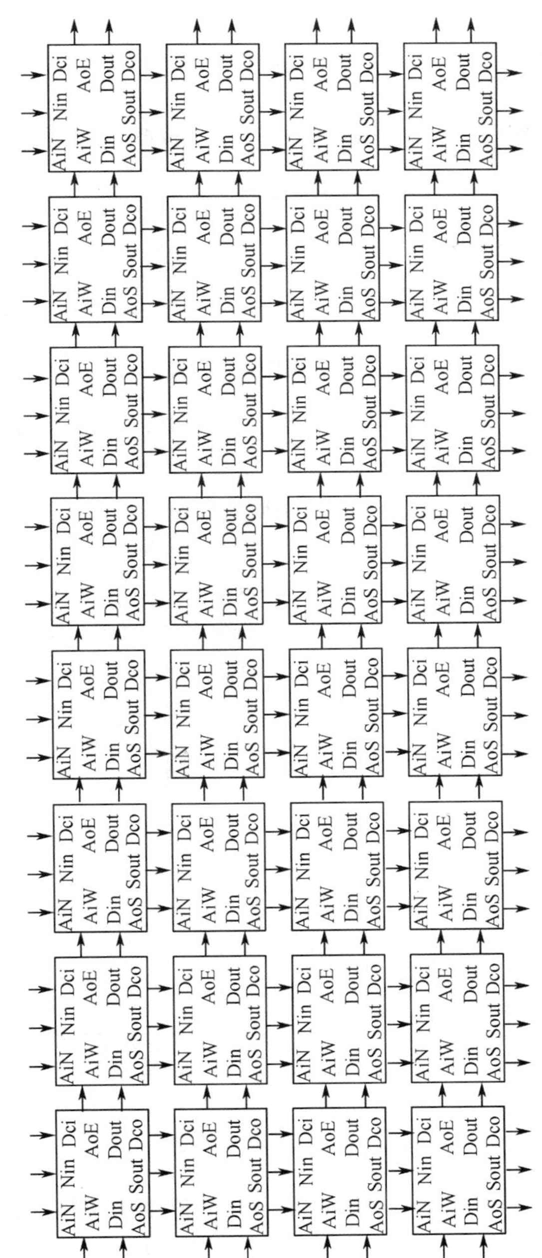

图5.20　实现FIR滤波器的仿生电子阵列结构

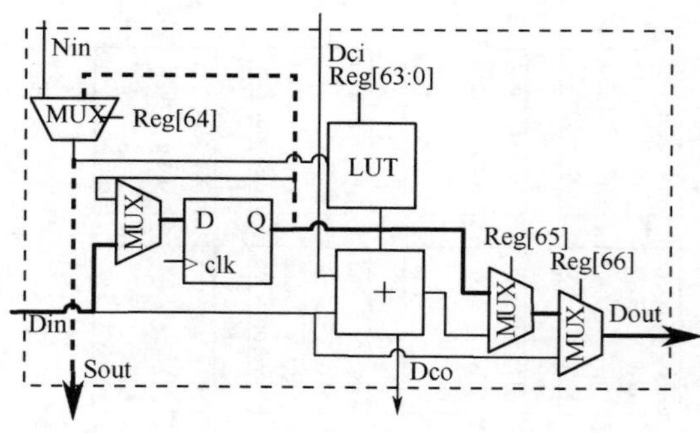

图 5.21　延迟操作数据流路径

从 Sout 输出，提供下面几行细胞乘加运算的数据，如图 5.21 中粗线路径所示。

后面几行（图 5.20 中为 3 行）的细胞完成乘加运算，细胞将 Nin 输入的数据送入 LUT，同列的几个 LUT 并联完成乘法运算，再通过加法器级联，完成加运算，将结果输出到 Dout，如图 5.22 中粗线路径所示。这样的结构，阵列的功能（FIR 滤波器）分解十分简单：只要根据滤波参数 h 配置后面几行完成乘法的 LUT 内容即可，与滤波器深度没有关系。另外，只要简单地增加地址线宽，增加细胞行数以提供足够的级联加法器位宽，就可以无限增加滤波器深度。

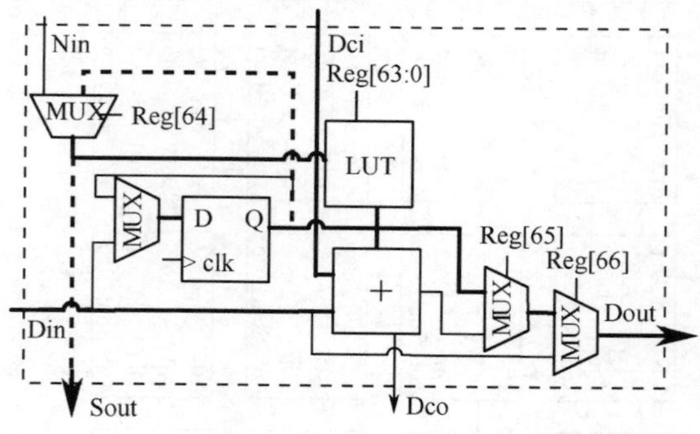

图 5.22　乘加操作数据流路径

胚胎阵列正常工作时，左侧细胞工作，右侧细胞备用。备用细胞只通过 Reg[66] 配置一个 MUX 将左侧数据从 Din 传到右侧 Dout，以最大限度地减少延迟,提高可靠性,如图5.23中粗线路径所示。

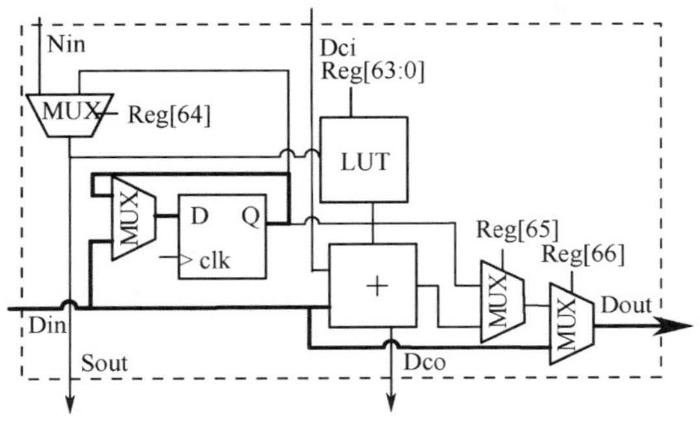

图5.23　故障数据流路径

故障自检测在clk的下降沿进行,这样可以充分利用时钟周期,而不影响细胞阵列的正常工作。阵列自修复采用列移除机制。假设某时刻细胞2故障,故障将在其后第一个clk下降沿被检测到,对应列FL将一直有效,使该列细胞处于移除状态,即数据直接从Din输出到Dout,同时FA将在一个脉冲周期内一直有效。在紧接着的一个clk上升沿,所有细胞控制模块检测到FA有效,故障细胞右侧细胞(细胞3所在列)和自身所在列细胞(细胞2所在列)的D触发器正常移位。而故障细胞左侧细胞(细胞1所在列)不移位,即将自身输出作为输入(如图5.24[99]粗线路径所示),从而延迟一个周期以完成自修复过程中数据$x(n)$的转移,如图5.25[99]所示。这种自修复方式,不仅能够不丢失待滤波的数据以实现在线自修复,而且自修复速度快(只需要一

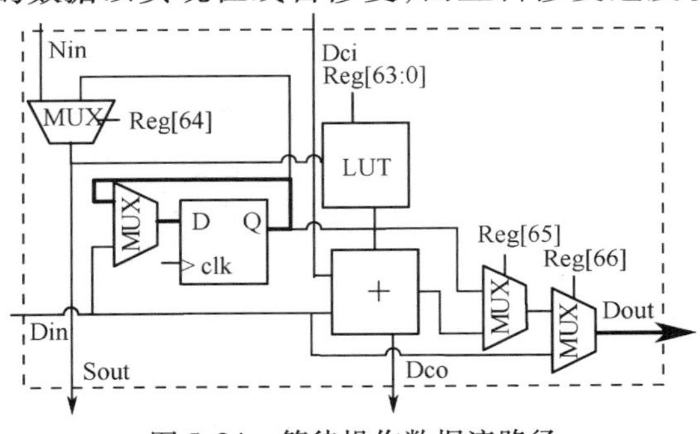

图5.24　等待操作数据流路径

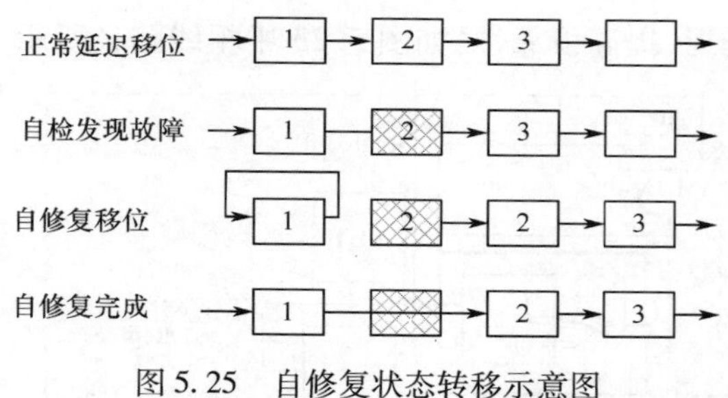

图 5.25　自修复状态转移示意图

个时钟延迟)。

5.2.4　仿生自修复 FIR 滤波器仿真与验证

本小节将上一小节的设计用硬件描述语言实现,并进行仿真分析,然后利用 FPGA 构建实验系统,设计下载到实验系统中进行实验验证。

1. FIR 滤波器仿真

将上述设计用 Verilog 实现,用 ISE 中 ISim 仿真,结果如图 5.26 所示(只截取了约 1 个周期)。图中 clk 为控制时钟,Fij 为 i 行 j 列细胞的 F,Fn 为细胞故障自修复周期标志,Fline 即图中 8 列的 FL。X、Y 分别为输入输出滤波数据,其中 X 是由计算机合成的周期信号,每个周期 20 个数。y_out 为按式(5.21)计算得到的 $y(n)$,即理论计算的结果,Fn 为高电平时不计算。

图 5.26 中,在 Fn 为低电平时,表示整列工作正常,阵列的仿真结果 Y 与理论计算的结果 y_out 相同,表示阵列能够完成理论上的计算。

图 5.26 中的两条竖线表示了检测到故障的时刻。在竖线前一个时钟周期内,细胞故障标识 Fij 均发生改变,表示某细胞出现了故障:第一次是 Fi22 变为 1,表示第 2 行第 2 列的细胞出现故障;第二次是 Fi35 变为 1,表示第 3 行第 5 列的细胞出现故障。发生故障后的第一个时钟下降沿(竖线时刻),故障被检测到,启动自修复过程,Fn 变为高电平,Fn 持续一个时钟周期,表示一个时钟周期完成自修复;该周期中,输出的数据 Y 不正确,无效。在故障修复完成后,Fn 变为低电平,计算结构 Y 与 y_out 又相同,表示阵列的计算恢复正常。

由图 5.26 所示的仿真结果可以看出,理论计算结果与阵列实现结

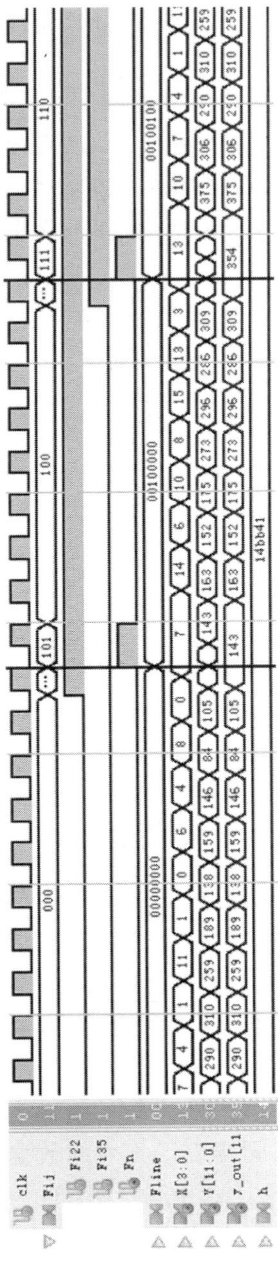

图5.26　基于真核仿生阵列的FIR滤波器仿真结果

果相同,说明该阵列能够实现 FIR 滤波器预定的计算功能,具有单时钟在线自修复能力。

2. FIR 滤波器实验验证

根据上述设计,采用 Xilinx 公司的 FPGA XC3S400 搭建测试系统,进行实际测试验证。取仿真中使用的周期输入 X,假定数据的采样间隔为 100ns,即 10MHz。在运行过程中,注入一次故障,其测试结果如图 5.27 所示。

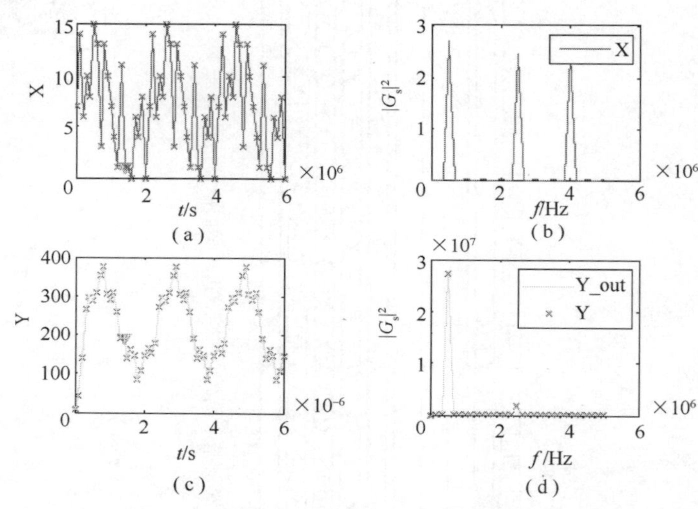

图 5.27　实验平台测试结果

图 5.27 中,图(a)为待滤波数据 X,X 第一个数据点 7 与图 5.26 中第一条竖线的数据点 7 同相位,"▽"表示该点出现故障,即为无效的数据。图(b)为 X 的频谱,计算时已经将故障时的无效数据点去掉。从频谱可以知道,输入数据包含的主要频谱 $|G_s|^2$ 为 0.5MHz、2.5MHz 和 4MHz。

图(c)为滤波结果:实线为软件计算的结果 Y_out,"x"为仿生阵列计算的结果 Y;图中的"▽"同样表示无效的数据点。可以看出,仿生电子阵列的计算结果与理论计算相同。图(d)为滤波结果的频谱,计算频谱时,已经将无效点去掉;频谱中主要包括 0.5MHz 的分量和少量

2.5MHz 的分量:从理论上,滤波器的通带频率为 10MHz × W_n = 10 × 0.15 = 1.5MHz,因而 0.5MHz 的分量被保留,4MHz 的分量基本被完全滤除,而 2.5MHz 的频谱还有较少的分量,但是明显比 0.5MHz 少,说明该分量被部分滤除,这与滤波器在该点的阻带增益较大有关。

从图 5.27 中还可以看到,运算过程中检测到一次故障,延迟一个计算周期后输出正常结果,表明滤波器在一个计算周期内完成自修复。

实验结果表明,该滤波器能够实现通带为 0.15 的数字滤波,具有一定的在线自修复能力,能够在一个时钟周期内完成自修复,自修复速度快。

5.3 基于内分泌仿生阵列的模糊控制器[65]

模糊控制器是一种近年发展起来的新型控制器,它根据输入、输出变量之间的关系,通过人工控制规则表求得输出控制量的大小,而不要求掌握受控对象的精确数学模型,因而得到了较广泛的应用[101]。倒立摆是处于倒置不稳定状态、通过人为控制使其处于动态平衡的一种摆,是一个复杂的快速、非线性、多变量、强耦合、自然不稳定系统,是重心在上、支点在下控制问题的抽象[102]。其控制方法在军工、航天、机器人和一般工业过程领域中都有着广泛的应用,如机器人行走过程中的平衡控制、海上钻井平台的稳定控制、火箭发射中的垂直度控制和卫星飞行中的姿态控制、太空探测器着陆控制和测量仪器展开稳定控制[103]等。

本节基于内分泌仿生阵列,实现一个模糊控制器,并将其应用到一级直线型倒立摆的控制中。

5.3.1 一级直线型倒立摆建模

在忽略了空气阻力及各种摩擦之后,可将一级直线型倒立摆系统抽象成小车和匀质杆组成的系统,如图 5.28 所示。图 5.29 则给出了倒立摆系统中小车受力及摆杆受力分析[104],其中,N 和 P 为小车与摆杆相互作用力的水平和垂直方向的分量。

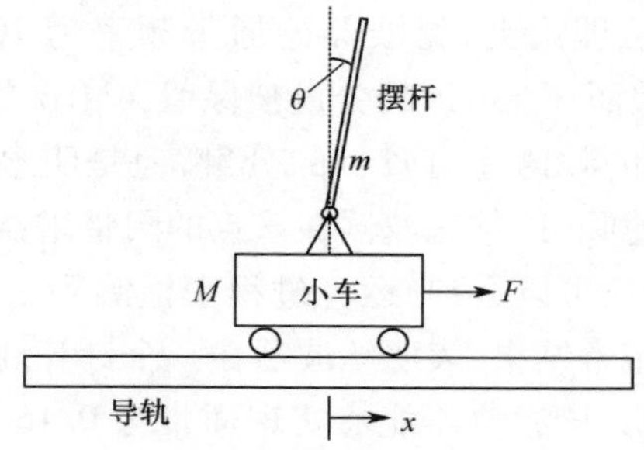

图 5.28　一级直线型倒立摆模型

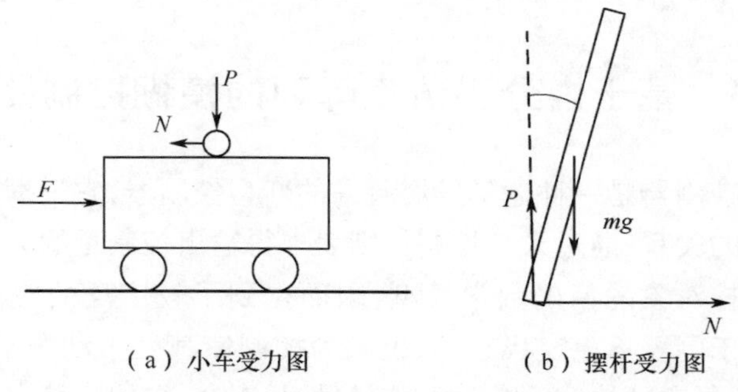

图 5.29　一级直线型倒立摆受力力图

根据图 5.29，运用牛顿—欧拉方法可得到系统状态空间模型为

$$\begin{bmatrix}\dot{x}\\ \ddot{x}\\ \dot{\theta}\\ \ddot{\theta}\end{bmatrix}=\begin{bmatrix}0 & 1 & 0 & 0\\ 0 & \dfrac{-(I+ml^2)b}{I(M+m)+Mml^2} & \dfrac{m^2gl^2}{I(M+m)+Mml^2} & 0\\ 0 & 0 & 0 & 1\\ 0 & \dfrac{-mlb}{I(M+m)+Mml^2} & \dfrac{mgl(M+m)}{I(M+m)+Mml^2} & 0\end{bmatrix}\begin{bmatrix}x\\ \dot{x}\\ \theta\\ \dot{\theta}\end{bmatrix}+\begin{bmatrix}0\\ \dfrac{I+ml^2}{I(M+m)+Mml^2}\\ 0\\ \dfrac{ml}{I(M+m)+Mml^2}\end{bmatrix}u \tag{5.35}$$

$$y = \begin{bmatrix} x \\ \theta \end{bmatrix} = \begin{bmatrix} 1 & 0 & 0 & 0 \\ 0 & 0 & 1 & 0 \end{bmatrix} \begin{bmatrix} x \\ \dot{x} \\ \theta \\ \dot{\theta} \end{bmatrix} + \begin{bmatrix} 0 \\ 0 \end{bmatrix} u \tag{5.36}$$

式中：M 为小车质量；m 为摆杆质量；b 为小车摩擦系数；l 为摆杆转动轴心到摆杆质心的长度；I 为摆杆惯量；F 为加在小车上的力；x 为小车位置；θ 为摆杆与垂直向上方向的夹角。

实际系统中，各参数的具体值如表 5.5 所列。

表 5.5　倒立摆参数

参数名称及符号	数　值
小车质量 M	1.096kg
摆杆质量 m	0.109kg
小车摩擦系数 b	0.1N/m/s
摆杆转动轴心到杆质心的长度 l	0.25m
摆杆惯量 I	0.0034kg · m^2

将参数代入状态空间模型，有

$$\begin{bmatrix} \dot{x} \\ \ddot{x} \\ \dot{\theta} \\ \ddot{\theta} \end{bmatrix} = \begin{bmatrix} 0 & 1 & 0 & 0 \\ 0 & -0.08832 & 0.62932 & 0 \\ 0 & 0 & 0 & 1 \\ 0 & -0.23566 & 27.83 & 0 \end{bmatrix} \begin{bmatrix} x \\ \dot{x} \\ \theta \\ \dot{\theta} \end{bmatrix} + \begin{bmatrix} 0 \\ 0.8832 \\ 0 \\ 2.3566 \end{bmatrix} u \tag{5.37}$$

为了便于计算机实现，需要将倒立摆连续模型进行离散化。在采样时间为 0.01s 的条件下，利用 MATLAB 软件对上述模型进行离散化，得到

$$\begin{bmatrix} x(n+1) \\ \dot{x}(n+1) \\ \theta(n+1) \\ \dot{\theta}(n+1) \end{bmatrix} = \begin{bmatrix} 0 & 0.00996 & 3.146e-005 & 1.049e-007 \\ 0 & 0.9991 & 0.006293 & 3.146e-005 \\ 0 & -1.178e-005 & 1.001 & 0.01 \\ 0 & -0.002357 & 0.2784 & 1.001 \end{bmatrix} \begin{bmatrix} x(n) \\ \dot{x}(n) \\ \theta(n) \\ \dot{\theta}(n) \end{bmatrix} +$$

$$\begin{bmatrix} 4.415e-005 \\ 0.008828 \\ 0.0001178 \\ 0.02357 \end{bmatrix} u(n) \tag{5.38}$$

5.3.2 仿生自修复模糊控制器设计及实现

模糊控制是通过模拟人脑的模糊思维方法，从而实现被控系统的控制。即先将人工实践经验用模糊语言的形式加以总结和描述，产生一系列模糊控制规则，再通过模糊推理，将输入量变换为模糊控制输出量这样一个过程[105]。模糊控制具有适应性好、鲁棒性强且不需要精确的数学模型的特点，在许多领域都有很好的应用。

1. 模糊控制系统结构

模糊控制系统如图 5.30 所示，其中模糊控制器由模糊化、模糊推理和去模糊化 3 部分组成[106]。经采样获得被控量的精确值，经模糊化后变成模糊矢量，再根据模糊控制规则进行模糊决策得到模糊控制量，再经反模糊化处理得到精确数字控制量，最后由数模转换变成精确的模拟量送给执行机构，对被控对象进行实时控制。

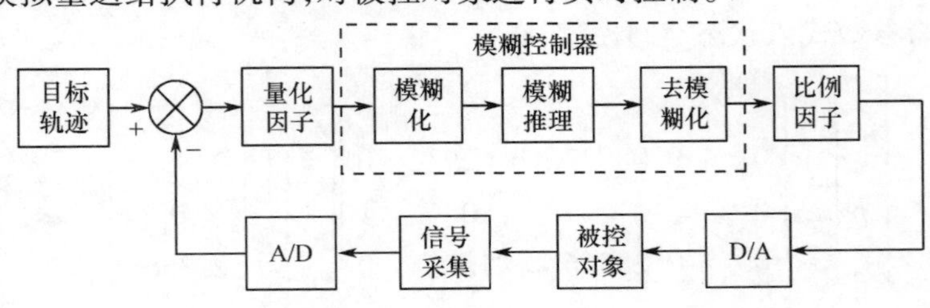

图 5.30　模糊控制系统框图

1）模糊化

为了控制模糊规则的数量，利用合成变量法[107]将倒立摆模糊控制器的输入合成为综合误差 E 和综合误差变化率 EC。根据实际控制精度要求，综合误差 E、综合误差变化率 E_C 和输出量 Z 设定为 8 位有符号数，论域均为 [−96, 96]。NB、NM、NS、ZE、PS、PM、PB 是论域 $X(Y) = [-96, 96]$ 上的模糊子集，依次表示“负大、负中、负小、零、正小、正中、正大”的语言值。模糊集的隶属度函数为“三角形”函数，重合度为 2，即任何一个输入最多属于两个模糊集，如图 5.31 所示。

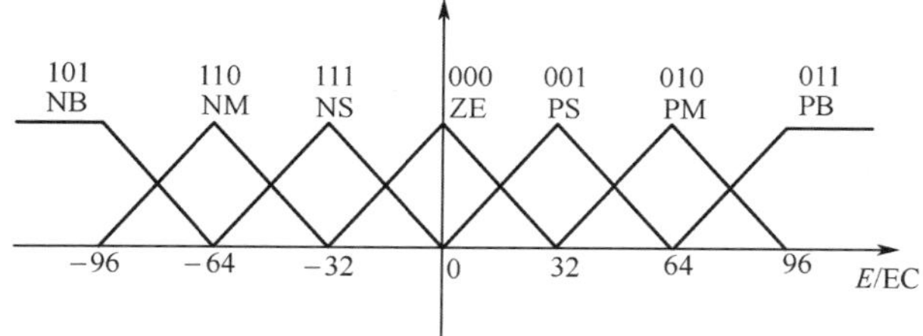

图 5.31　隶属度函数及其分布

为避免乘除运算消耗大量的资源，本书采用位取舍及加减运算来计算各个输入量的隶属度[108]。假设输入的 8 位二进制是 $X[7:0]$，以 MF1 和 MF2 分别表示输入量对应的两个隶属函数（MF1 为靠左的一个隶属函数），隶属度函数的编码如表 5.6 所列。

表 5.6　隶属度函数编码

输入量	NB	NM	NS	ZE	PS	PM	PB
E	101	110	111	000	001	010	011
EC	101	110	111	000	001	010	011

用 MF1 和 MF2 表示输入量的两个相对隶属度（范围为 0 ~ 31），有

$$\mathrm{MF1} = X[7:5] \tag{5.39}$$

$$\mathrm{MF2} = X[7:5] + 1 \tag{5.40}$$

$$\mathrm{MS1} = 31 - X[4:0] \tag{5.41}$$

$$\mathrm{MS2} = X[4:0] \tag{5.42}$$

2）模糊推理

工程中主要应用的模糊模型共有两种，即 Mamdani 模型和 T - S 模型[106]。

（1）Mamdani 模糊模型。Mamdani 被称为纯模糊模型，它具有标准的模糊化处理、模糊推理和逆模糊化 3 个过程。它由若干条模糊规则组成，规则的前件和后件都是模糊量。其模糊规则简单易于理解，符合人们的思维习惯，因此应用广泛。但由于 Mamdani 模型需要输入量

有多条语言变量,它的模糊规则会随输入量成指数增加[106]。其模糊规则由表 5.7 给出。

表 5.7　Mamdani 模型模糊规则

规则	If		Then
	X_1	X_2	Y
规则 1	PB	NB	NB
规则 2	PB	EC	PB
…	…	…	…
规则 N	NS	PB	PM

表中 X_1、X_2 是输入量,Y 是输出量,PB、PM、NS 等是模糊函数(模糊集合),常用的模糊函数有高斯函数、梯形函数、三角形函数等。

(2) Takagi - Sugeno 模型(T - S 模型)。T - S 模型最早是由 Takagi 和 Sugeno 提出的[109]。相对于 Mamdani 模型,T - S 模型是一类特殊的模型,其前件与 Mamdani 模型是一样的模糊量,但其后件采用线性集结方式,模型总的输出一般是各个输出的加权平均值[106]。它实际上是用多个局部线性模型来逼近非线性模型。由于它的后件是线性集结的,因此其需要的模糊规则数量大大小于 Mamdani 模型,比较适合 MIMO 系统。其模糊规则为

R_i:If x_1 is A_{i1} and x_2 is A_{i2} …and x_n is A_{in} then

$$g_i(X) = a_{i0} + a_{i1}x_1 + a_{i2}x_2 + \cdots a_{ij}x_{ij} + \cdots a_{in}x_n \tag{5.43}$$

逆模糊化,即

$$f(X) = \sum_{i=1}^{R} g_i(X)u_i(X) / \sum_{i=1}^{R} u_i(X) \tag{5.44}$$

其中

$$u_i(X) = \prod_{i=1}^{n} A_{ij}(x_j) \tag{5.45}$$

$$A_{ij}(x_j) = h_{ij}(x_j) \tag{5.46}$$

式中:$R_i(i=1,2,\cdots,R)$表示第 i 条规则;$\boldsymbol{X} = [x_1\ x_2\ x_3 \cdots\ x_n]^{\mathrm{T}}$ 是模糊控制器的输入矢量;$x_j(j=1,2,\cdots,n)$为第 j 个输入变量;A_{ij}为模糊集合;$g_i(X)$为模糊控制器第 i 条规则的输出;$f(X)$为模糊控制器的输出,采

用中心平均解模糊方法；$u_i(X)$为第 i 条规则的定义为乘积形式满足程度；$A_{ij}(x_j)$为 x_j 对 A_{ij}的满足程度；$h_{ij}(x_j)$为定义在输入变量论域的隶属度函数。

为了便于数字电路的实现，这里选择基于 Mamdani 模型来设计模糊控制器。由专家知识得到一级直线型倒立摆的双输入单输出的模糊控制器的模糊规则[110]，如表 5.8 所列。由于模糊函数的重合度为 2，任意两个输入量 E 和 E_C 最多只能触发 4 条隶属度不为 0 的模糊规则。

表 5.8　一级直线型倒立摆模糊规则

EC \ E	NB	NM	NS	ZE	PS	PM	PB
NB	NB	NB	NB	NM	NM	NS	ZE
NM	NB	NB	NM	NM	NS	ZE	PS
NS	NB	NM	NM	NS	ZE	PS	PM
ZE	NM	NM	NS	ZE	PS	PM	PM
PS	NM	NS	ZE	PS	PM	PM	PB
PM	NS	ZE	PS	PM	PM	PB	PB
PB	ZE	PS	PM	PM	PB	PB	PB

3）逆模糊化

模糊蕴含运算采用最小运算，用 M_z 表示某条模糊规则输出 Z 的隶属度，M_e 与 M_ec 分别为输入 E 与 EC 的隶属度，则有

$$\text{M\_z} = \min(\text{M\_e}, \text{M\_ec}) \tag{5.47}$$

逆模糊化采用最大隶属度—最小值原理[106]，最大输出隶属度为

$$\text{M\_Z\_max} = \max\{\text{M\_z\_1}, \text{M\_z\_2}, \text{M\_z\_3}, \text{M\_z\_4}\} \tag{5.48}$$

式中：M_z_n(n = 1,2,3,4)为非 0 的模糊规则隶属度，则模糊控制器的输出值为

$$Z = \{xxx, \{5'b11111 - \text{M\_Z\_max}[4:0]\}\} \tag{5.49}$$

式中：xxx 表示输出隶属度函数的编码，如表 5.6 所列。

2. 仿生自修复模糊控制器设计

1）功能分化及阵列结构设计

由上一小节分析知，任意的输入 E 和 EC 最多只能触发 4 条隶属

度不为 0 的模糊规则,而且 4 条模糊规则在表 5.8 中的位置是相邻的。由于本书采用加减运算和位取舍的简单方法,运算资源消耗小,为了控制细胞的数量,每个细胞处理 4 条相邻的模糊规则的模糊运算。因此,共需要 36 个工作细胞,2 个输入输出细胞。空闲细胞设计为 11 个,胚胎阵列一共有 49 个细胞。模糊控制器的阵列结构如图 5.32 所示。

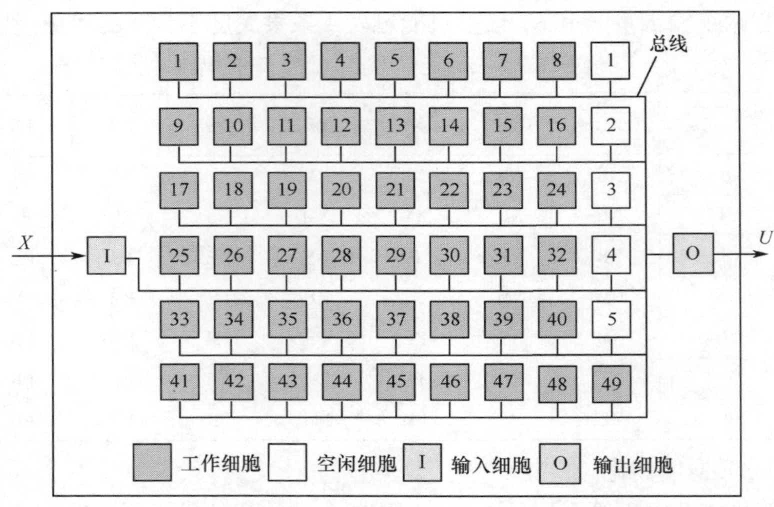

图 5.32　模糊控制器阵列结构

2）功能模块设计

由前面的分析知,功能模块的逻辑功能主要有位取舍、加减运算和取小运算。因此,功能模块主要由比较器、加法器和查找表构成,如图 5.33 所示。

3）配置信息设计

工作的细胞,配置存储器只存储自身细胞的配置信息;而空闲细胞,则存储所有工作细胞的配置信息。工作细胞中,功能模块的配置信息为 4 条模糊规则,细胞的计算结果只需要传输给输出细胞,不需要目标细胞地址。以表 5.8 左上角的细胞为例,表 5.9 给出了工作细胞的配置信息。

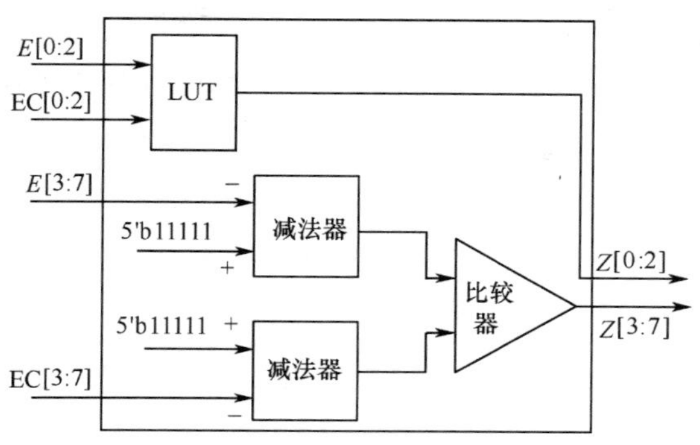

图5.33 细胞功能模块

表5.9 工作细胞配置信息

位数	9位	9位	9位	9位	6位	6位	2位
数据(二进制)	101101101	101110101	110101101	110110101	000001	110100	01
意义	规则1	规则2	规则3	规则4	自身地址	修复地址	状态

4）故障检测模块设计

故障检测是实现自修复的前提,本书采用二模冗余检测功能模块故障,利用扩展海明码检测配置存储器的故障。故障检测模块结构如图5.34所示。其中,Reg_inf为配置模块的配置信息,Output_1、Output_2为两个结构完全相同的功能模块的输出,Fault为故障信号,Output为输出信号。

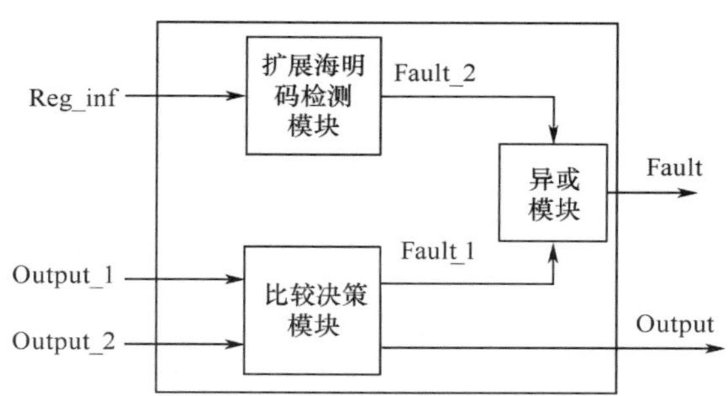

图5.34 故障检测模块

海明码属于线性分组码,由Richard Hamming于1950年提出[111]。它的实现原理是在数据中加入几个校验位,并把数据的每一个二进制位分配在几个奇偶校验组中。当某一位出错后,就会引起有关的几个校验位的值发生变化,这不但可以发现出错,还能指出是哪一位出错,为自动纠错提供了依据。普通海明码的码距为3,可以用于纠正一位错误或者发现两位错误。扩展海明码的码距为4,可以发现两个错误并且纠正一个错误。将表5.9所列的配置信息进行扩展海明码编码后如表5.10所列。

表5.10 扩展海明码编码后的配置信息

二进制位置编号	1	2	3	4	5~7	8	9~15	16	17~31	32	33~54	55
意义	校验位	校验位	数据位	校验位	数据位	校验位	数据位	校验位	数据位	校验位	数据位	校验位
数值	1	0	1	1	011	0	0110110	1	111010111010110	0	111011010100 000111010001	1

3. 模糊控制器FPGA实现

将所设计的仿生自修复模糊控制器用Verilog HDL描述,利用Xilinx公司ISE12.2系列开发工具进行开发设计。Verilog HDL采用的是模块化设计思想,模糊控制器模块化设计结构如图5.35所示。

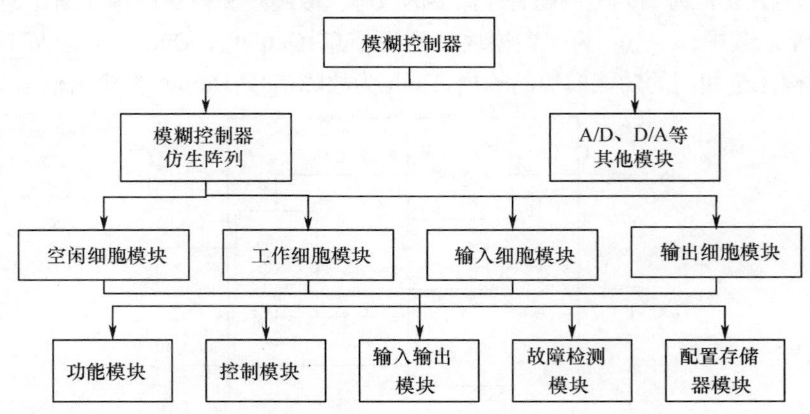

图5.35 仿生自修复模糊控制器模块化设计结构

模糊控制器的仿生阵列主要由4种组成:工作细胞、空闲细胞、输入细胞和输出细胞,每个细胞包括功能模块、控制模块、输入输出模块、故障检测模块及配置存储器模块。

采用从下往上的设计思路,先设计功能模块等底层模块,然后组合实现上层模块,最终实现整个控制器。

5.3.3 模糊控制器仿真验证

1. 模糊控制器功能仿真验证

能否发挥较好的控制效用是对控制器的基本要求,也是讨论控制器其他性能(如可靠性、鲁棒性)的前提条件。为了验证一级直线型倒立摆仿生自修复模糊控制器的控制性能,首先利用 MATLAB/Simulink 软件建立了倒立摆模糊控制仿真模型,如图 5.36 所示。

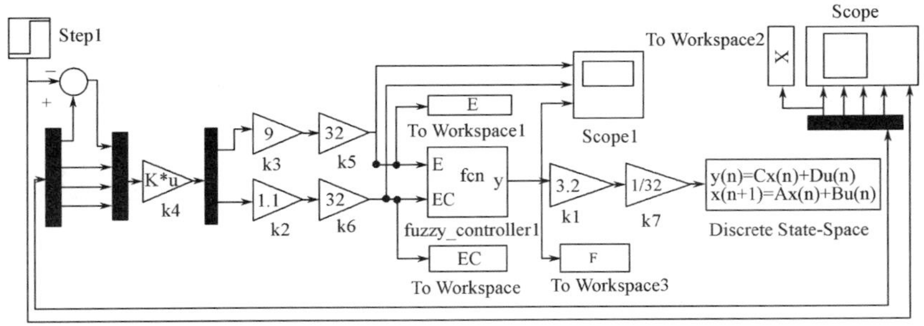

图 5.36 模糊控制器 Simulink 仿真模型

图中 fuzzy_controller1 是根据模糊控制器原理利用 MATLAB 函数编写的模糊控制器模块,discrete State – Space 是一级直线型倒立摆离散化模型模块。为了方便利用 ISE 软件验证基于内分泌仿生阵列的模糊控制器的控制功能,将 MATLAB 仿真过程中的 E、EC 和 F 输出到工作空间并提取出相关数据。

阶跃响应能较全面地反映控制器的控制效果,模糊控制器的 MATLAB 阶跃响应如图 5.37 所示。从图中可以看出,控制器能较好地实现控制功能,但上升时间和稳定时间较长,这主要与模糊控制器本身的特点以及倒立摆模型离散化的精度有关。

利用 Verilog 语言将 MATLAB 仿真过程中模糊控制器的输入数据作为基于内分泌仿生阵列的模糊控制器的输入,同时对比两者的输出,

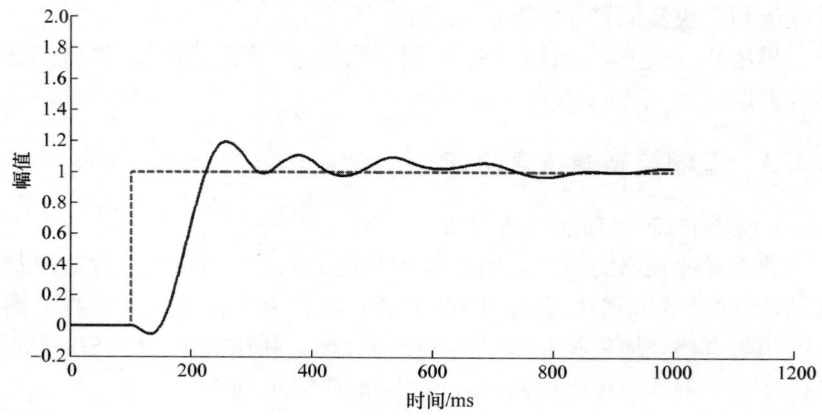

图 5.37　模糊控制器 MATLAB 阶跃响应曲线

利用 ISE 软件仿真的结果如图 5.38 所示。

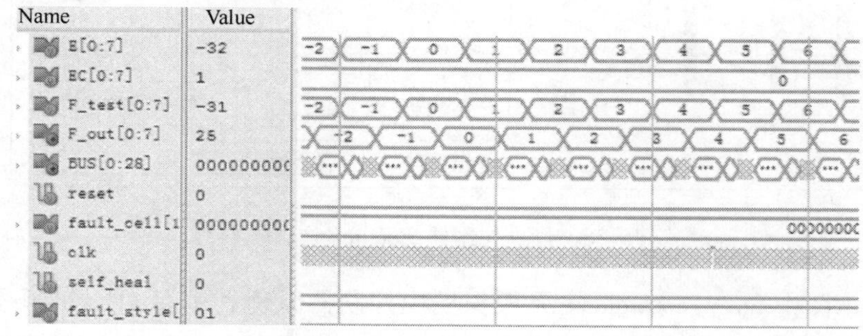

图 5.38　模糊控制器控制功能 ISE 仿真结果

图中 E、EC 为模糊控制器的输入，F_test 为 MATLAB 仿真时的结果，F_out 为基于内分泌仿生阵列的模糊控制器的输出。从仿真结果可以看出，在相同的输入下，两个控制器的输出结果完全一样。因此，基于内分泌仿生阵列的模糊控制器也能实现较好的控制功能。

2. 模糊控制器自修复能力仿真验证

基于内分泌仿生阵列的模块控制器与传统的控制器的主要区别在于它能够实现故障自修复，为了验证控制器自修复功能，采用人为注入故障的方式,利用 Xilinx 公司的 ISE 软件进行了仿真验证,仿真结果如图 5.39 所示。

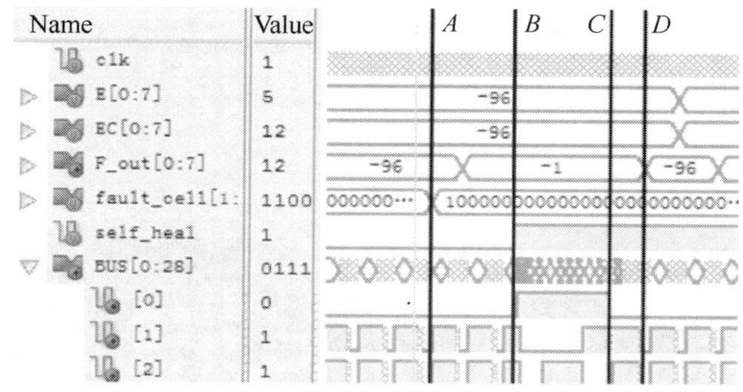

图 5.39　模糊控制器自修复功能仿真结果

图中 clk 是仿真时钟,频率为 50MHz。F_out 是阵列的输出,E 和 EC 是阵列的输入;Bus_io 为总线信号,其中 Bus_io[0]为总线故障信号线;self_heal 为自修复功能启动信号,当值为 1 时表示阵列开启了自修复功能,否则为关闭;fault_cell 为故障注入信号。从图 5.39 中可以看出,在 A 时刻给细胞 1 注入故障,阵列在 B 时刻检测到故障并进入了自修复过程,在 C 时刻完成自修复,在 D 时刻重新得到正确的输出。

从仿真结果可以提出以下结论:基于内分泌仿生阵列的模糊控制器能够实现故障自检测、自修复。

5.3.4　模糊控制器实验验证

1. 模糊控制器实验系统结构

为了进一步验证模糊控制器的控制效果及自修复性能,本书在仿真验证的基础上设计了倒立摆模糊控制器实验系统,系统结构如图 5.40所示。

实验系统由 PC 和 FPGA 开发板组成,系统如图 5.41 所示。将一级直线型倒立摆模型数字化后在 PC 上实现,利用 FPGA 实现本书设计的基于总线结构的仿生自修复模糊控制器。PC 与 FPGA 通过 RS232 通信电缆进行连接通信。

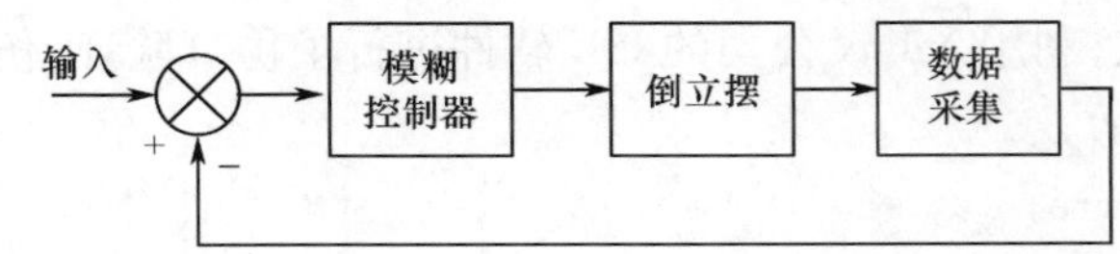

图 5.40　实验系统结构框图

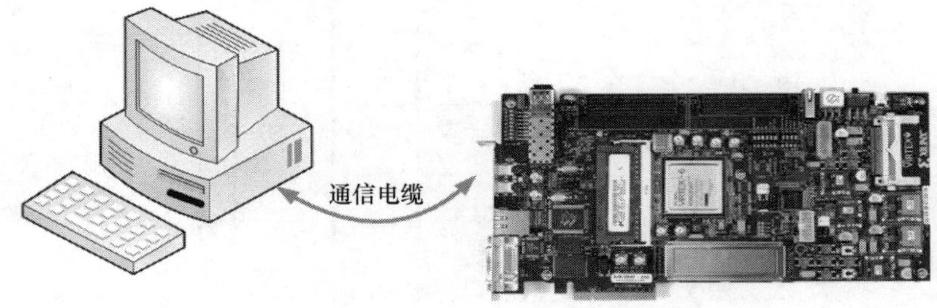

图 5.41　实验系统示意图

为了便于实验，本书利用 VC++ 开发了倒立摆模糊控制演示程序，程序主界面主要由倒立摆转角变化演示、串口控制、阵列配置、倒立摆控制及程序控制等几个模块组成，如图 5.42 所示。

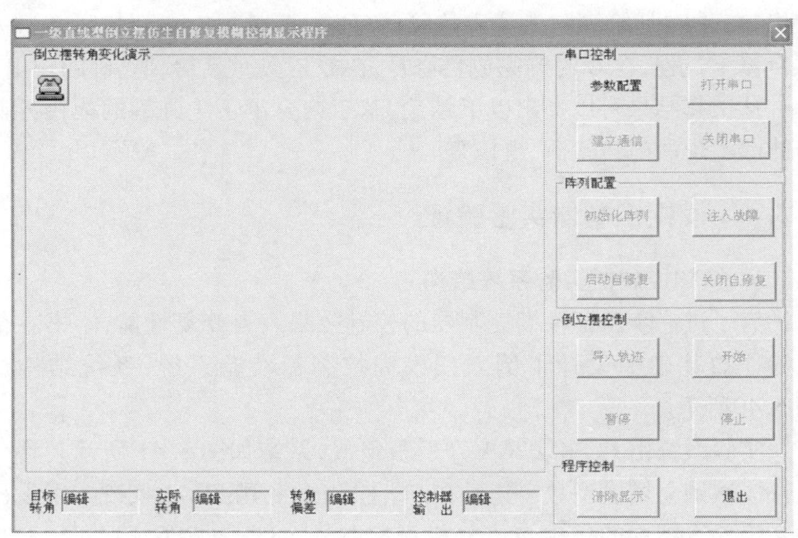

图 5.42　倒立摆模糊控制程序主界面

倒立摆转角变化演示区实时显示倒立摆实际转角和目标转角，串口控制部分主要是对串口进行控制及设置串口通信的各个参数，设置界面如图 5.43 所示。

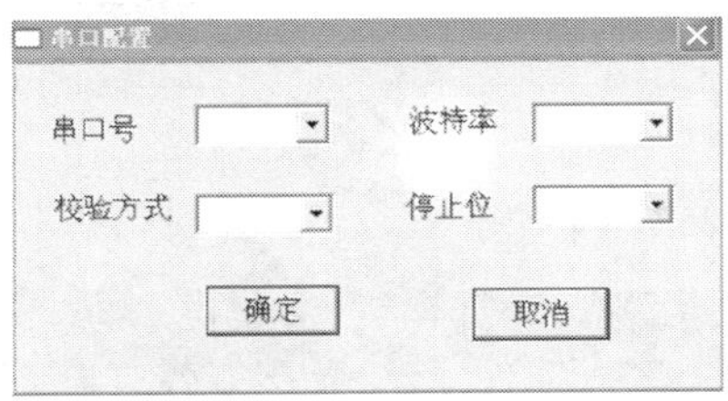

图 5.43　串口参数设置界面

阵列配置部分实现人为故障注入及自修复功能的控制。故障注入功能能够给任意一个电子细胞的配置模块和功能模块注入故障，故障注入界面如图 5.44 所示。

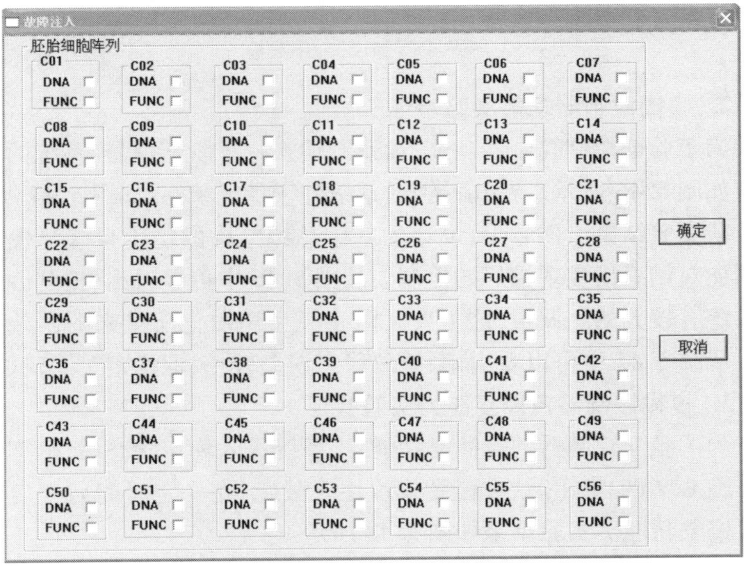

图 5.44　故障注入界面

控制器用 Verilog HDL 描述，利用 Xilinx 公司 ISE12.2 系列开发工具，在 Xilinx 公司的 ML605 FPGA 开发板上实现。ML605 开发板如

图 5.45所示。该开发板以 Virtex 6 系列 XC6VLX240TFF1156 FPGA 为核心,包括了多种外设、接口和存储器,本书主要使用其串口通信接口与 PC 连接。

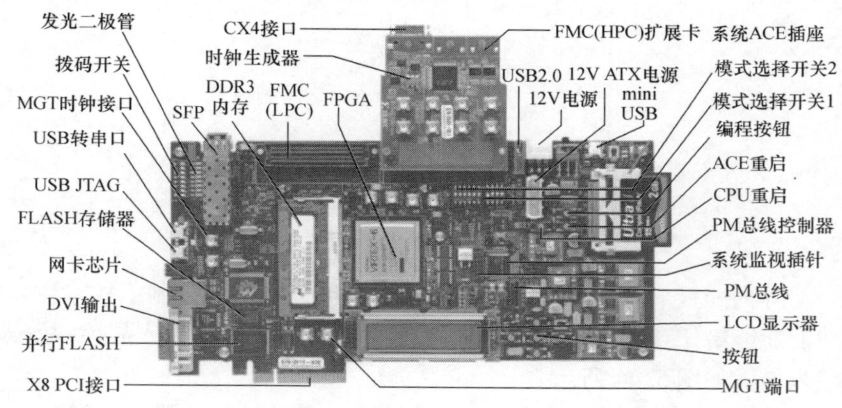

图 5.45 ML605 开发板

2. 模糊控制器功能实验验证

为了验证模糊控制器功能,给系统输入一个阶跃信号,系统的阶跃响应如图 5.46 所示。在几秒钟后系统处于稳定状态,如图 5.47 所示。

从实验结果可以看出,设计的基于总线结构的仿生自修复模糊控制器能对倒立摆实现较好的控制。从图 5.46 中可以看出,控制后的闭环系统有较大的超调量,这主要是由于模型离散化所带来的误差引起的。从图 5.47 中可以看出,系统的稳态误差较小,但稳定时间较长。

3. 模糊控制器自修复能力实验验证

为了验证控制器的自修复功能,当系统进入稳定状态后,给阵列中的细胞 C22 的功能模块和配置模块注入故障,在一定时间后开启系统的自修复功能。实验结果如图 5.48 所示。

从实验结果可以看出:在没有开启自修复功能的前提下,在 *A* 时刻给系统注入故障,系统响应立即偏离平衡位置,且振荡变大。说明细胞 C22 的故障严重影响了控制器的控制效果。

在 *B* 时刻开启自修复功能后,系统响应逐渐趋近平衡位置,说明

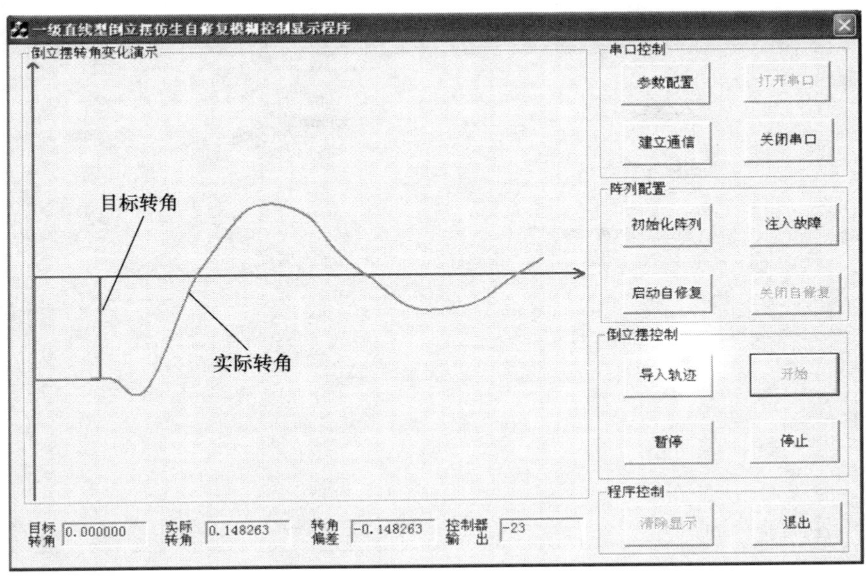

图5.46　模糊控制阶跃响应

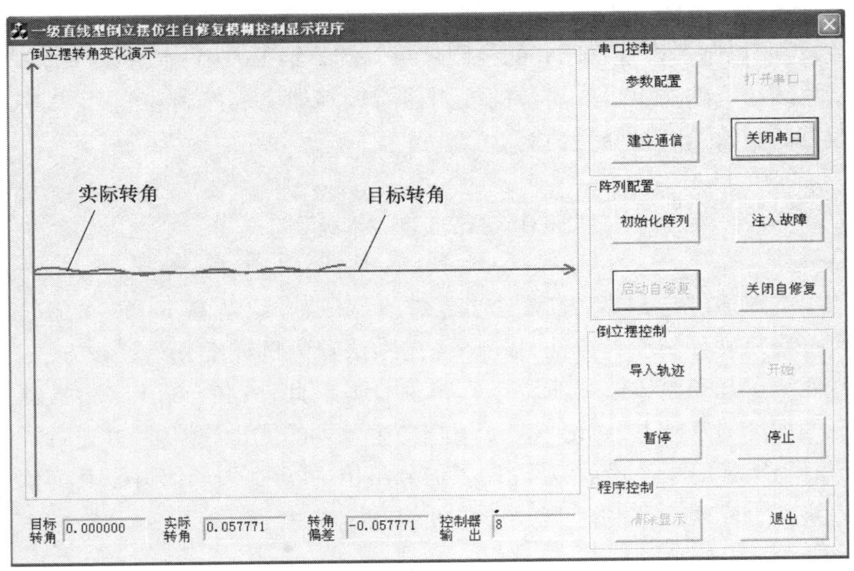

图5.47　系统稳定状态响应

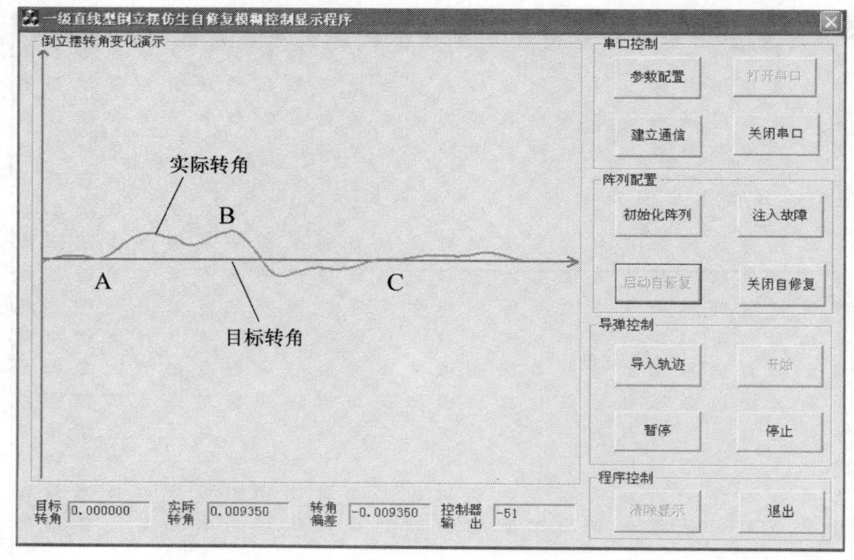

图 5.48　自修复功能验证

阵列实现了故障自检测和自修复。C 时刻,系统响应与故障前基本一致,说明控制器恢复了原有的控制效果。实验结果表明,本书设计的基于总线结构的仿生自修复模糊控制器能较好地完成控制功能,且具有较好的自检测和自修复功能。

5.4　本章小结

本章通过与 FPGA 的设计步骤进行比较,介绍了基于 FPGA 的仿生自修复硬件的设计方法,以 4 ×4 的乘法器为例详细介绍了该方法,并介绍了基于原核仿生阵列的 4 ×4 乘法器。此外,在介绍 FIR 滤波器有关理论的基础上,讨论了基于真核仿生阵列的 FIR 滤波器,并进行了仿真与实验验证。最后,还介绍了内分泌仿生阵列的设计,并以其为核心实现了模糊控制器。

参 考 文 献

[1] 郑瑞娟,王慧强.生物启发的容错计算技术研究[J].计算机工程与应用,2006,42(4):30-34.

[2] 林勇.基于进化型硬件的容错方法研究[D].中国科学技术大学,2007.

[3] 徐佳庆.仿生自适应多细胞阵列体系结构研究[D].国防科学技术大学,2012.

[4] Mange D. Embryonics: A New Family of Coarse - Grained Field - Programmable Gate Array with Self - Repair and Self - Reproducing Properties[C]. Towards Evolvable Hardware: The Evolutionary Engineering Approach, 1996(2-3): 197-220.

[5] Sipper M, Sanchez E, Mange D, et al. A Phylogenetic, Ontogenetic, and Epigenetic View of Bio - Inspired Hardware Systems[C]. IEEE Transactions on Evolutionary Computation, 1997, 1(1): 83-97.

[6] 涂磊,朱明程.一种新型电路设计计和实现方法——进化硬件[J].无线电工程,2002,32(9):43-46.

[7] 纪震,田涛,朱泽轩.进化硬件研究进展[J].深圳大学学报理工版,2011,28(3):255-263.

[8] Marchal P. Embryonics: The Birth of Synthetic Life[C]. Towards Evolvable Hardware, 1995(2-3): 166-196.

[9] 杨姗姗.胚胎型仿生硬件细胞电路设计与自修复方法研究[D].南京航空航天大学,2007.

[10] Samie M, Dragffy G, Kiely J. Novel Embryonic Array with Neural Network Characteristics[C]. Proceedings of the Second NASA/ESA Conference on Adaptive Hardware and Systems, 2007: 420-430.

[11] Samie M, Dragffy G, Popescu A, et al. Prokaryotic Bio - Inspired System[C]. Proceedings of the Forth NASA/ESA Conference on Adaptive Hardware and Systems, 2009: 171-178.

[12] 周长林,查永喜,徐旭东. 微生物学[M]. 北京:中国医药科技出版社,2003.

[13] 陈三风,刘德虎. 现代微生物遗传学[M]. 北京:化学工业出版社,2003.

[14] J D 沃森,T A 贝克,S P 贝尔, et al. 基因的分子生物学(第六版)[M]. 北京:科学出版社,2009.

[15] 罗四维. 大规模人工神经网络理论基础[M]. 北京:清华大学出版社,2004.

[16] 莫宏伟,左兴权. 人工免疫系统[M]. 北京:科学出版社,2009.

[17] Neal M, Timmis J. Timidity: A useful mechanism for robot control[J]. Informatica-special issue on perception and emotion based control, 2003, 4(27): 197 - 204.

[18] Timmis J, Neal M. Artificial Homeostasis: Integrating Biologically inspired Computing. University of Wales, Aberystwyth.

[19] 李霞. 人工内分泌机制及其应用研究[D]. 中国科学技术大学,2011.

[20] Mange D, Sanchez E, Stauffer A. Embryonics: A New Methodology for Designing Field - Programmable Gate Arrays with Self - Repair and Self - Replicating Properties[J]. IEEE Transactions on Very Large Scale Integration (VLSI) Systems, 1998, 6(3): 387 - 399.

[21] Yao X. T Higuchi. Promises and Challenges of Evolvable Hardware[C]. Proceedings of the 1st International Conference on Evolvable Systems: From Biology to Hardware, 1997.

[22] Thoma Y, Tempesti G, Sanchez E, et al. POEtic: An Electronic Tissue for Bio - inspired Cellular Applications[J]. Biosystem, 2004, 76(1 - 3): 191 - 200.

[23] Moreno J M, Madrenas J. A Reconfigurable Architecture for Emulating Large - Scale Bio - inspired Systems[C]. IEEE Congress on Evolutionary Computation (CEC 2009), 2009: 126 - 133.

[24] Canham R, Tyrrell A M. A Multilayered Immune System for Hardware Fault Tolerance within an Embryonic Array[C]. Proceedings of 1st International Conference on Artificial Immune Systems, 2002: 3 - 11.

[25] Marchal P. Embryonics: The Birth of Synthetic Life[J]. Lecture Notes in Computer Science, 1996: 166 - 196.

[26] 刘慧,朱明程. 一种新型仿生硬件容错系统——胚胎电子系统[J]. 半导体技术,2002, 27(5): 29 - 32.

[27] 张媛. 面向芯片级自修复的胚胎设计与实现[D]. 南京航天航空大学,2008.

[28] 周贵峰. 基于胚胎型细胞电路的 FIR 滤波器仿生自修复技术研究[D]. 国防科学技术大学,2010.

[29] Ortega C,Sanchez E,Tyrrell A. Hardware Implementation of an Embryonic Architecture Using Virtex FPGAs[C]. Proceedings of the Third International Conference on Evolvable Systems: From Biology to Hardware,2000:155 – 164.

[30] 邹逢兴. 计算机应用系统的故障诊断与可靠性技术基础[M]. 北京:高等教育出版社,1999.

[31] Sanchez E,Perez – Uribe A,Upegui A,et al. PERPLEXUS: Pervasive Computing Framework for Modeling Complex Virtually – Unbounded Systems[J]. Proceedings of the 2nd NASA/ESA Conference on Adaptive Hardware and Systems,2007: 587 – 591.

[32] Thoma Y,Upegui A. UbiManager: A Software Tool for Managing Ubichips[C]. NASA/ESA Conference on Adaptive Hardware and Systems,2008:213 – 219.

[33] Zhang X,Dragffy G,Pipe A G,et al. Partial – DNA Supported Artificial – Life in an Embryonic Array[C]. The 2004 International Conference on Engineering of Reconfigurable Systems and Algorithms(ERSA'04),2004.

[34] Canham R,Tyrrell A. An Embryonic Array with Improved Efficiency and Fault Tolerance[C]. Proceeding of the 2003 NASA/DoD Conference on Evolvable Hardware,2003:265 – 272.

[35] Fabio H. Implementation of a Self – Replicating Universal Turing Machine[D]. Swiss Federal Institute of Technology,2001.

[36] 杨姗姗,王友仁. 胚胎型仿生电路中具有自修复性能的存储器设计[J]. 计算机测量与控制,2009,17(1):164 – 167.

[37] Mishchenko A,Chatterjee S,Brayton R K. Improvements to Technology Mapping for LUT – Based FPGAs[J]. IEEE Transactions on Computer – Aided Design of Integrated Circuts and Systems,2007,26(2):240 – 253.

[38] Stauffer A,Mange D,Rossier J. Design of Self – organizing Bio – inspired Systems [C]. Proceedings of the Second NASA/ESA Conference on Adaptive Hardware and System,2007:413 – 419.

[39] Parra – Plaza J A,Upegui A,Velasco – Medina J. Cytocomputation in a Biologically Inspired, Dynamically Reconfigurable Hardware Platform[C]. IEEE Congress on Evolutionary Computation (CEC 2009),2009:150 – 157.

[40] Greensted A J,Tyrrell A M. Implementation results for a fault – tolerant multicellular architecture inspired by endocrine communication[C]. Evolvable Hardware, 2005. Proceedings. 2005 NASA/DoD Conference on,2005:253 – 261.

[41] Dowding N,Tyrrell A M. Sliding Algorithm for Reconfigurable Arrays of Processors [C]. Proceedings of 7th International Conference on Evolvable Systems(ICES 2007),2007:198 – 209.

[42] Pĕna J C,Pĕna J,Upegui A. Evolutionary Graph Models with Dynamic Topologies on the Ubichip[C]. Proceedings of 7th International Conference on Evolvable Systems(ICES 2008),2008:59 – 70.

[43] 周贵峰,钱彦岭,王南天,等. 胚胎型仿生硬件结构 FIR 滤波器设计与仿真[J]. 电子测量与仪器学报,2010,24:61 – 65.

[44] Ortega C. MUXTREE Revisited: Embryonics as a Reconfiguration Strategy in Fault-tolerant Processor Arrays[C]. Proceedings of 2nd International Conference on Evolvable Systems(ICES'98),1998:206 – 217.

[45] Stauffer A, Mange D, Tempesti G,et al. BioWatch: A Giant Electronic Bio – Inspired Watch[C]. Proceedings of 3rd NASA/DoD Workshop on Evolvable Hardware(EH'01),2001:185 – 192.

[46] Tempesti G,Mange D,Stauffer A,et al. The BioWall: An Electronic Tissue for Prototyping Bio – Inspired Systems[C]. Proceedings of 4th NASA/DoD Conference on Evolvable Hardware(EH'04),2002:221 – 230.

[47] Upegui A,Thoma Y,Satiz'abal H e F,et al. Ubichip, Ubidule, and MarXbot:A Hardware Platform for the Simulation of Complex Systems[C]. ICES2010,2010, 6274:286 – 298.

[48] Upegui A,Perez – Uribe A,Thoma Y,et al. Neural Development on the Ubichip by Means of Dynamic Routing Mechanisms[C]. ICES 2008,2008,5216:392 – 401.

[49] Tan K C, Chew C M,Tan K K,et al. Autonomous Robot Navigation Via Intrinsic Evolution[C]. Proceedings of the 2002 Congress on Evolutionary Computation, 2002:1272 – 1277.

[50] 陈英兰. 普通生物学[M]. 北京:地震出版社,2004.

[51] 刘艳平,沈韫芳,韩凤霞. 医学细胞生物学[M]. 长沙:中南大学出版社,2001.

[52] 刘志恒. 现代微生物学(第二版)[M]. 北京:科学出版社,2008.

[53] 宋今丹. 医学细胞生物学[M]. 北京:人民卫生出版社,2004.

[54] 池振明. 微生物生态学[M]. 济南:山东大学出版社,1999.

[55] 陈声明,林海萍,张立钦. 微生物生态学导论[M]. 北京:高等教育出版社,2007.

[56] 吴聪明,陈杖榴. 细菌耐药性扩散的机制[J]. 动物医学进展, 2003, 24 (4) : 6211,2003,24(4):6 - 11.

[57] 徐建国. 分子医学细菌学[M]. 北京:科学出版社,2000.

[58] Courvalin P. Transfer of antibiotic resistance genes between gram - positive and gram - negative bacteria [J]. Antimicrob Agents Chemother, 1994, 38: 1447 - 1451.

[59] 姚泰,罗自强,等. 生理学[M]. 北京:人民卫生出版社,2001.

[60] 黄国锐. 人工内分泌模型及其应用研究[D]. 中国科学技术大学,2003.

[61] Budilova E V, Teriokhin A T. Endocrine networks[C]. RNNS/IEEE Symposium on Neuroinformatics and Neurocomputers,1992(2):729 - 737.

[62] 黄曹徐,王煦法. 基于内分泌调节机制的行为自组织算法[J]. 自动化学报,2004,30(3):460 - 465.

[63] Lala P,Kumar B. Human immune system inspired architecture for self - healing digital systems,292 - 297.

[64] Xuegong Z,Dragffy G,Pipe A G,et al. Artificial Innate Immune System:an Instant Defence Layer of Embryonics[C]. the proceedings of ICARIS 2004:the 3rd International Conference on Artificial Immune Systems,2004:302 - 315.

[65] 李廷鹏. 基于总线结构的仿生自修复技术研究[D]. 国防科学技术大学,2012.

[66] Samie M,Dragffy G,Popescu A,et al. Prokaryotic Bio - Inspired Model for Embryonics[C]. Proceedings of the forth NASA/ESA Conference on Adaptive Hardware and Systems,2009:163 - 170.

[67] Moreno J M,Thoma Y,Sanchez E. POEtic: A hardware prototyping platform with bioinspired capabilities[M]. Lodz:Technical Univ Lodz,2006.

[68] Prodan L,Tempesti G,Mange D,et al. Embryonics: Artificial Cells Driven by Artificial DNA[C]. Proceedings of 4th International Conference on Evolvable Systems(ICES2001),2001.

[69] 姚睿,王友仁,于盛林. 胚胎型仿生硬件及其关键技术研究[J]. 河南科技大学学报(自然科学版),2005,26(3):33 - 36.

[70] 田耘,徐文波,胡彬,等. Xilinx ISE Design Suite 10. x FPGA 开发指南[M]. 北京:人民邮电出版社,2008.

[71] 薛小刚,葛毅敏. Xilinx ISE 9. X FPGA/CPLD 设计指南[M]. 北京:人民邮电出版社,2007.

[72] 刘慧. 基于 FPGA 动态可重构技术的仿生容错系统研究[D]. 深圳大学,2003.

[73] Helinski D R, Clewell D B. Circular DNA[J]. Annual Review of Biochemistry, 1971,40:899 – 942.

[74] Suchard M A. Stochastic Models for Horizontal Gene Transfer: Taking a Random Walk through Tree Space[C]. the Genetics Society of America,2005: 419 – 431.

[75] Miller M B, Bassler B L. Quorum sensing in bacteria[C]. Annual review of microbiology,2001,55:165 – 199.

[76] Yoon S. Genomic Data Mining Enhanced by Symbolic Manipulation of Boolean Functions[D]. Stanford University,2006.

[77] 樊昌信,曹丽娜. 通信原理(第 6 版)[M]. 北京:国防工业出版社,2007.

[78] Samie M, Dragffy G, Pipe T. Bio – Inspired Self – Test for Evolvable Fault Tolerant Hardware Systems[C]. 2010 NASA/ESA Conference on Adaptive Hardware and Systems,2010:325 – 332.

[79] Szasz C, Chindris V, Ieee. Artificial life and communication strategy in bioinspired hardware systems with FPGA – based cell networks[C]. INES 2007:11th Internation Conference on Intelligent Engineering Systems,2007:77 – 82.

[80] Szasz C, Chindris V. Bio – inspired hardware systems development and implementation with FPGA – based artificial cell network[M]. New York:IEEE,2008.

[81] Szasz C, Chindris V, Ieee. Self – healing and Fault – tolerance Abilities Development in Embryonic Systems Implemented with FPGA – based Hardware. New York:IEEE,196 – 201.

[82] Szasz C, Chindris V, Husi G. Embryonic Systems Implementation with FPGA – Based Artificial Cell Network Hardware Architectures[J]. Asian Journal of Control,2010,12(2):208 – 215.

[83] Lala P, Kumar B. An architecture for self – healing digital systems[C]. Eighth IEEE International On – Line Testing Workshop,2002:3 – 7.

[84] Greensted A J, Tyrrell A M. An endocrinologic – inspired hardware implementa-

tion of a multicellular system[C]. Evolvable Hardware, 2004. Proceedings. 2004 NASA/DoD Conference on,2004:245 - 252.

[85] 刘慧,朱明程. 仿生容错系统的可靠性分析[J]. 半导体技术,2003,28(2):36 - 42.

[86] Ortega C,Tyrrell A. Reliability analysis in self - repairing embryonic systems[C]. Evolvable Hardware, 1999. Proceedings of the First NASA/DoD Workshop on, 1999:120 - 128.

[87] Manuel Moreno J, Thoma Y,Sanchez E,et al. Hardware realization of a bio - inspired POEtic tissue[C]. Evolvable Hardware, 2004. Proceedings. 2004 NASA/DoD Conference on,2004:237 - 244.

[88] Barker W,Halliday D M,Thoma Y,et al. Fault tolerance using dynamic reconfiguration on the POEtic tissue[J]. IEEE Transactions on Evolutionary Computation, 2007,11(5):666 - 684.

[89] Upegui A, Thoma Y, Sanchez E,et al. The Perplexus bio - inspired reconfigurable circuit[C]. Adaptive Hardware and Systems, 2007. AHS 2007. Second NASA/ESA Conference on,2007:600 - 605.

[90] Upegui A,Thoma Y,Perez - Uribe A,et al. Dynamic Routing on the Ubichip: Toward Synaptogenetic Neural Networks[C]. Adaptive Hardware and Systems, 2008. AHS '08. NASA/ESA Conference on,2008:228 - 235.

[91] Parra - Plaza J A,Upegui A,Velasco - Medina J,et al. Cytocomputation in a biologically inspired, dynamically reconfigurable hardware platform [C]. 2009 IEEE Congress on Evolutionary Computation(CEC 2009),150 - 157.

[92] Szasz C, Chindris V. Self - healing and artificial immune properties implementation upon FPGA - based embryonic network[J]. 2010 IEEE International Conference on Automation, Quality and Testing, Robotics (AQTR),2010,2:1 - 6.

[93] Szasz C, Chindris V. Fault - tolerance Properties and Self - healing Abilities Implementation in FPGA - based Embryonic Hardware Systems [C]. 2010 IEEE Congress on Evolutionary Computation (CEC 2010),155 - 160.

[94] Prodan L, Mange D, Tempesti G. The Embryonics Project: Sepecifications of the Muxtree Field Programmable Gate Array[C]. 2002:1 - 23.

[95] 王南天. 基于原核仿生阵列的自修复技术研究[D]. 国防科学技术大学, 2011.

[96] 黄国锐,徐敏,张荣,等.基于内分泌调节机制的机器人行为规划算法及其应用研究[J].小型微型计算机系统,2004,25(2):262-265.

[97] 孙航,胡灵博.Xilinx 可编程逻辑器件应用与系统设计[M].北京:电子工业出版社,2008.

[98] Samie M, Dragffy G, Pipe T. UNITRONICS: A Novel Bio-Inspired Fault Tolerant Cellular System[C]. 2011 NASA/ESA Conference on Adaptive Hardware and Systems (AHS-2011),2011:58-65.

[99] 王南天,钱彦岭,李岳,等.胚胎型在线自修复 FIR 滤波器研究[J].仪器仪表学报,2012,33(6):1385-1391.

[100] 彭澄宇.FIR 滤波器的 SOPC 实现[D].重庆大学,2006.

[101] 王成元.电机现代控制技术(第一版)[M]:北京:机械工业出版社,2010.

[102] 黄宏修.直线倒立摆机理模型和控制性能研究[D].中南大学,2008.

[103] 黄苑红,梁慧冰.从倒立摆装置的控制策略看控制理论的发展和应用[J].广东工业大学学报,2001,19(3):49-52.

[104] 王永光.基于倒立摆系统的控制方法研究[D].西安电子科技大学,2009.

[105] 翟龙余.倒立摆的模糊控制研究[D].江南大学,2008.

[106] 丁学明.模糊控制理论研究及其在移动式倒立摆中的应用[D].中国科学技术大学,2005.

[107] 黄建娜,刘立新,唐建生.单级倒立摆系统中模糊控制理论的应用[J].中国制造业信息化,2008,37(13):49-52.

[108] 赵东方.基于 FPGA 的模糊控制器的设计与实现[D].硕士论文.江苏大学,2005.

[109] Pedrycz W C, Hirota K E. Some remarks on the identification problem in fuzzy systems[J],1984,12(2):185-189.

[110] 杨世勇,王培进,徐莉苹.倒立摆的一种模糊控制方法[J].自动化技术与应用,2007,26(7):10-12.

[111] 须文波,姚紫阳.扩展海明码在嵌入式系统通信中的应用[J].微处理机,2006,6:110-113.